奶牛围产期饲养与管理

主　编
严作廷
副主编
郭　健　杨博辉　程胜利
编著者
（按姓氏笔画排序）
王东升　李世宏　严作廷
杨博辉　郭　健　郭福存
黄虎祖　曹随忠　董鹏程　程胜利
审　稿
杨志强

金 盾 出 版 社

内 容 提 要

本书由中国农业科学院兰州畜牧与兽药研究所严作廷研究员主编。内容包括：奶牛围产期生理状态及特点、奶牛围产期的营养需要、干奶期和围产前期奶牛的饲养与管理、分娩期奶牛的饲养与管理、围产后期奶牛的饲养与管理、新生犊牛的护理与饲养管理、奶牛围产期的卫生保健、奶牛围产期常见疾病的防治与营养调控措施。本书语言通俗易懂，内容丰富全面，贴近生产实际，实用性较强，适合奶牛养殖专业户、奶牛场兽医师、广大基层兽医以及农业院校相关专业师生阅读参考。

图书在版编目(CIP)数据

奶牛围产期饲养与管理/严作廷主编．—北京：金盾出版社，2009.3

ISBN 978-7-5082-4798-4

Ⅰ．奶…　Ⅱ．严…　Ⅲ．乳牛—饲养管理　Ⅳ．S823.9

中国版本图书馆 CIP 数据核字(2009)第 012108 号

金盾出版社出版、总发行

北京太平路 5 号(地铁万寿路站往南)

邮政编码：100036　电话：68214039　83219215

传真：68276683　网址：www.jdcbs.cn

封面印刷：北京印刷一厂

正文印刷：京南印刷厂

装订：桃园装订厂

各地新华书店经销

开本：850×1168 1/32　印张：6.25　字数：156 千字

2010 年 10 月第 1 版第 2 次印刷

印数：8 001～14 000 册　定价：12.00 元

(2)易发生营养代谢性疾病　干奶期后期高蛋白质饲料饲喂量较高，产前饲喂高钙饲料、高阳离子和低阴离子日粮，可诱发乳热症，母牛分娩后卧地不起，越是高产奶牛越易发病。干奶期饲喂大量施用过量氮肥、钾肥的植物和大量含钾的青贮饲料，或者饲料中含镁量过低，可诱发低血镁性抽搐症。日粮中钠、钾盐饲喂量过高，产前精饲料喂量大，可诱发乳房水肿。日粮中精饲料、玉米青贮含量过高，可使皱胃左方移位的发病率增多，可达85%～88%。干奶期的营养水平与酮病的发生关系较为密切，研究表明，母牛泌乳早期脂肪肝先于酮病发生，实际上是增加了酮病的发病率。美国密执安州大学的研究者指出，虽然脂肪肝是分娩后才发生的疾病，但在营养不良的干奶牛亦可发生。威斯康星大学的研究者也观察到，脂肪肝在母牛分娩当日即可发生，但肝脏脂肪的沉积却大多发生于分娩以前。因此，干奶期奶牛减少饲料采食量等因素均可引起分娩后酮病的发生。在饲养管理过程中饲养条件突然或剧烈变化，打乱或减少干奶牛饲料采食量等其他因素，也可导致分娩后酮病发生。这可能与干奶最后阶段母牛的敏感性有关，应激会引起脂肪酸从脂肪组织释放，导致肝脏脂肪酸含量增加，从而形成脂肪肝。

(3)体况过肥或过瘦　干奶期是胚胎发育最快的时期，营养需求较大，应根据奶牛的体况适当补充精饲料。但有些养殖户认为不挤奶就可以不喂精饲料或少喂精饲料，于是大幅度减少精饲料喂量，结果造成临产母牛膘情太差，甚至难产，新产的犊牛体质差，母牛产奶量低。除干奶期最初几天和临产前几天可适当减少精饲料饲喂量外，干奶期精饲料饲喂量应占母牛体重的0.8%～0.9%，以保证母牛适当的体况。

许多养殖户认为奶牛越肥越好，他们在干奶期加大精饲料的饲喂量，造成奶牛过肥。也有些饲养户为了让奶牛多产奶就一味地多加精饲料。其实，这样做很容易造成奶牛反刍减弱、前胃弛缓和瘤胃酸中毒。奶牛并非越肥越好，按照体况评分标准(见第二章

第七节)达到 3.5 分为宜,超过 4 分的体况即属于偏肥。如果干奶牛体膘过肥,产犊时容易发生难产,亚临床性酮病、脂肪肝、皱胃移位、乳房水肿等代谢性疾病的发病率也会增高,会造成一定的经济损失。饲养户要根据奶牛干奶期、产奶前期、产奶后期这 3 个不同阶段的生理特点,掌握科学的饲养方法。

总之,对于干奶期奶牛必须加强饲养管理,提供适合母牛营养需要的各类营养物质,改善饲养条件。环境要干燥,气温要适宜,保证牛舍卫生及牛体健康。保证干奶期奶牛体况适中,有利于母牛在整个泌乳期中提高产奶量,增加奶牛养殖的经济效益。

第二节 奶牛围产前期的饲养与管理

一、主要目标

奶牛分娩前一段时间的饲养管理至关重要,既要维护母牛的健康及胎儿的生长发育,还要照顾到其后的产奶量和卵巢功能的恢复与再繁殖。因此,在此阶段饲养管理的主要目标是使奶牛逐渐由以粗饲料为主的饲喂模式向高精饲料日粮模式过渡;激发免疫系统,减少分娩后代谢性疾病的发生率。

二、饲养方法

(一)提高能量水平 瘤胃微生物从高纤维日粮转变到对高淀粉日粮的完全适应需要 3～4 周的时间,所以一般于分娩前 21 天开始逐渐增加精饲料,可每次增加 0.3～0.5 千克,直至临产前精饲料饲喂量达到 5.5～6.5 千克,但最大喂量不得超过体重的 1%～1.2%,其中谷物的添加量可达到 2.5～3.5 千克,以促进瘤胃细菌与乳头状凸起的生长,也可减少体脂的动用和与脂肪代谢有关的代谢紊乱的发生。此外,应该将此阶段日粮种类与围产后期种类尽量调整一致,特别是可能出现适应性问题的饲料应逐渐增加喂量，以减少产后日粮结构改变对奶牛产生的应激。

(二)提高蛋白质水平 粗蛋白质水平调整为12%～15%，并增加瘤胃非降解蛋白质的含量，达到粗蛋白质的32%左右。一般发酵工业蛋白质饲料、高温处理的大豆等含有较多的瘤胃非降解蛋白质。提高围产前期日粮蛋白质含量可以提高乳蛋白含量，降低酮病、胎衣不下等的发生率。

(三)保证纤维素水平 保证足量的有效纤维是十分重要的，一般建议中性洗涤纤维含量要大于32%。每日可饲喂2～3千克优质禾本科干草，以促进瘤胃及其微生物区系功能发挥，防止皱胃移位。

(四)调整日粮阴阳离子 为了预防产后低血钙症，减少由此引发的一系列代谢紊乱，如干物质采食量减少、胎衣不下、乳热症、皱胃移位、酮病等，应调整围产前期奶牛日粮的阴阳离子平衡，使阴阳离子差值在－50～－150毫当量/千克干物质范围内，奶牛尿液pH降低到6～6.5，从而能达到最佳效果。还应调整精、粗饲料和钙、磷比例，使精、粗饲料比在30∶70，钙、磷比为1∶1，钙的用量可降至原来的1/3～1/2。适当补饲维生素A、维生素D、维生素E以及微量元素(如硫等)，围产前期日粮中干物质应占体重的2.5%～3%，每千克饲料干物质含奶牛能量单位2个，粗蛋白质13%，钙0.2%，磷0.3%。要注意降低日粮中食盐的含量，避免母牛产前催奶过急，有利于母牛产后食欲修复，产前食盐的喂量可由原来的每日75～100克降至30～50克，即由原来的1.5%降至0.5%以下。母牛临产前2～3天，还要注意增加一些易消化、具有轻泻作用的麸皮，以防母牛发生便秘。具体方法是：在每100千克精饲料中加入30～50千克麸皮饲喂母牛。严禁饲喂发霉、变质和冰冻饲料，以及过凉的饮水。

(五)转入产房后按干奶后期饲养方法进行饲养 即以优质干草适当搭配精饲料进行饲养。精饲料的喂量可按干奶期的标准饲喂，一般每日供给3～5千克。具体喂量可因牛而定，对于乳房水肿、肿胀明显的牛要少加一些精饲料，对于乳房变化不大、食欲较好、体型偏瘦的母牛可多喂一些精饲料，其原则是不能造成催奶过急，防止产前产奶的情况发生。

三、管理方法

(一)做好接产准备，保证母牛和犊牛安全 母牛临近分娩，要做好接产准备，要进行产前检查，随时注意观察临产征候的出现。临产前的母牛应转入产房饲养，进产房前必须填写入产房通知单。母牛临产前1周左右会发生乳房膨胀、水肿以及乳房炎，若水肿严重可适当减少糟粕类饲料和多汁饲料的喂量，一般情况下只要乳房不过硬仍可照常饲喂。

(二)产房的准备 临产前母牛的生殖器官最易感染病菌，为减少病菌感染，母牛产前7～14天应转入产房。产房应冬暖夏凉，无贼风。必须事先用2%火碱水喷洒消毒，然后铺上清洁干燥的垫料，并建立常规的消毒制度。临产前母牛的后躯和外阴部用2%～3%来苏儿溶液或其他消毒液进行洗刷，然后用毛巾擦干。

(三)工作人员的准备 工作人员进出产房要穿清洁的工作服，用消毒液洗手。产房入口处设消毒池，进行鞋底消毒。产房昼夜应有人值班，发现母牛有临产症状(腹痛、不安、频频起卧)，应立即用0.1%高锰酸钾溶液或其他消毒液擦洗母牛外阴部和后躯，并备好消毒药品、毛巾、产科绳以及剪刀等接产用器具。

第四章　分娩期奶牛的饲养与管理

第一节　奶牛分娩的征候

正常情况下，母牛经过 280 天左右的妊娠期就会分娩。分娩前期母牛的生殖器官和骨盆会发生一系列变化，母牛的精神状态和全身状况也会发生改变，以适应排出胎儿和哺育新生犊牛的需要，这些变化称为分娩征候。根据分娩征候大致可以预测分娩的时间，以便做好奶牛的接产和分娩后母牛和犊牛的护理工作，这项工作在奶牛的繁殖管理上具有重要意义。有的牛场在母牛分娩过程中或分娩后犊牛和母牛的死亡率达 5%以上，甚至更高，损失很惊人。母牛分娩的征候主要表现在以下几个方面。

一、乳房的变化

母牛妊娠后期乳房会变大，分娩前 10 天左右乳房发育迅速，明显膨胀增大，呈面团状，但不发热。产前 2～3 天乳房则极度膨胀，乳房皮肤发红，乳头表面被覆一层蜡状物，挤压乳头能排出少量清亮胶样液体或乳汁。有的母牛在产前 1 天或数小时，乳汁呈滴状从乳头中流出。临产母牛乳头和乳汁的变化，与母牛的营养状况和健康状况有关，乳汁的自动流出与乳头管的松紧也有关系。

乳房、乳头、乳汁的变化虽然对估计分娩时间比较可靠，但受饲养管理的影响较大，营养不良的母牛，变化不明显。是否漏奶与乳头管的松紧也有密切关系，因此不能单独依靠乳头和乳汁的变化做出判断。

二、阴门的变化

妊娠牛从分娩前 1 周开始，阴唇变得柔软，阴唇肿大 2 倍左右，阴道和阴唇黏膜潮红，阴门周围皮肤上的皱襞展平，阴门流出稀薄、滑润的黏液。分娩前的 1～2 天，阴唇进一步肿大、松软，阴门流出的黏液呈透明、拉长的线状，这是由于临产母牛子宫颈开始扩张，原来封闭子宫颈的黏液软化流入阴道的结果。

三、骨盆韧带的变化

妊娠牛的骨盆韧带在分娩前 10 天左右开始软化，这是因为在妊娠末期，母牛骨盆血管内血量增多，静脉淤血，毛细血管壁扩张，血液的液体部分渗出血管壁浸润了周围组织。骨盆韧带的软化程度，可以在母牛的荐尾部看到或触摸到。母牛未妊娠或在妊娠前期，荐尾部不塌陷，触摸感硬；妊娠末期，荐尾部塌陷，触摸感软。母牛分娩前 0.5～1.5 天，骨盆韧带变得非常柔软，荐尾部变形、塌陷(头胎母牛变化不太明显)，触摸尾根两侧很柔软，手握尾根可以上下活动。

四、体温的变化

妊娠牛从产前 30 天左右，体温逐渐上升，产前 1 周左右体温上升至 39℃～39.5℃，产前 0.5 天左右体温又下降 0.4℃～1.2℃，分娩过程中或产后又恢复到分娩前的体温。张金钟等对 23 头分娩的母牛，做了产前 7 天体温变化的试验观察，结果妊娠牛在分娩前的 1 周内，体温较高，平均可以达到 39.18℃，产前第三天达到高峰，平均 39.37℃；然后逐渐下降，至产前 12 小时降到 38.81℃(下降幅度为 0.2℃～0.9℃，平均 0.43℃)，而后开始分娩。用体温监测来判断分娩时间与观察临产征候和计算预产期的方法相比，体温监测方法十分可靠，可以作为计算预产期和观察临产征候方法的补充，特别是对一些高产牛、临产征候不明显的牛

(如头胎牛)、有难产史的牛,进行产前体温检测十分必要。

五、精神状态及其他变化

妊娠牛产前精神抑郁,徘徊不安,喜好僻静,寻找安静地方分娩。

临产前母牛食欲减退,起卧不安,尾根抬起,常做排尿姿势,粪便排泄量减少而次数增多,呼吸、脉搏加快。这种变化在头胎牛表现尤为突出。

判断分娩时间,目前主要是根据预产期计算和观察临产征候。预产期受品种、年龄、胎儿性别等多种因素的影响;临产征候的观察要求经验性很强,不易掌握,而且个体间差异很大,有些个体表现不明显。在生产实践中要根据上述变化,综合分析就可以预测母牛分娩的时间。

第二节　奶牛的分娩过程及分娩行为表现

在奶牛的分娩过程中,把握难产检查时机、适时科学助产、减少生殖器官感染(损伤)、防止犊牛窒息,是奶牛分娩管理的重要工作内容。在奶牛分娩过程中,如果过早进行不必要的产道检查,不仅会影响正常的分娩过程,还可导致难产率升高,也会增加母牛产道感染的机会;产道检查不及时,又会危及犊牛、母牛的生命安全以及影响母牛的生产性能。

奶牛在分娩过程中会通过分娩表现和肢体语言等告诉我们分娩已进行到什么阶段、是否正常分娩、是否需要助产。所以,明确奶牛分娩阶段、仔细观察分娩过程是确定产道检查或难产检查时机的最好方法。通过观察奶牛分娩过程中的行为表现或肢体语言,明确难产预兆,准确把握难产检查或助产时机,对提高奶牛生产效益、保护奶牛繁殖性能有着十分重要的现实意义。

分娩过程是指从子宫开始出现阵缩到胎衣完全排出的全过

程。为了描述方便，根据临床表现将其分为 3 个连续的时期，即子宫开口期、胎儿产出期和胎衣排出期。

一、子宫开口期

也叫开口期，从子宫阵缩开始，至子宫颈完全开张，与阴道之间的界限消失为止。

分娩开始时，子宫收缩力量很弱，时间较短，所以表现不明显，随着子宫收缩力量的加强和持续时间的延长，母牛表现不安，食欲减退，轻微不安，时起时卧，尾根抬起，常做排尿姿势，并不时排出少量粪尿。经产牛一般表现安静，尤其老龄牛常无明显表现。胎膜囊常露出阴门之外，通常先露出于阴门处或阴门外的是尿膜绒毛膜囊，其中的尿水呈褐色。有时则是羊膜绒毛膜囊露出于阴门口。子宫的收缩由产前零星、不协调、力量弱、持续时间短变得协调、有规律，并且蠕动加强。

二、胎儿产出期

也叫产出期，是从子宫颈充分张开、胎囊和胎儿的前置部分进入产道，到胎儿排出为止的时期。

努责出现是产出期开始的标志性征兆，也是胎囊或胎儿进入产道的标志。努责开始后，母牛卧下，也可能时起时卧，至胎头通过骨盆坐骨上棘之间狭窄部时才卧下，有的头胎牛甚至在胎头通过阴门时才卧下。少数牛在胎头露出后，还可能站起来，然后再卧下努责。

阵缩的加强和努责的出现，进一步加重了腹痛。这时母牛会呈现极度不安，来回走动，时起时卧，前蹄刨地，个别后蹄踢腹，回顾腹部，拱背努责。随后大多母牛会选择半侧卧姿势卧地努责，开始分娩。

随着努责及分娩过程的继续进行，当胎儿头部通过骨盆腔出口时，大多数分娩牛会侧卧于地，四肢伸直，强烈努责，此时母牛会表现出极度不安，甚至会出现四肢或肌肉颤抖、眼球震颤等表现，这是母牛分娩过程中表现最为痛苦的时刻，预示着此时胎头的最宽处正在经过骨盆腔的狭窄部。经过强烈的侧卧努责，当胎头或前肢、后肢露出阴门后，大多数母牛会站立起来，休息片刻，然后继续卧下（半侧卧）努责，直到最后完成分娩。

对奶牛而言，从子宫颈口完全开张到产出胎儿，一般需要 3～4 小时。在产出期中，人为干扰会造成母牛产力衰竭，当然也会增加生殖道感染的机会，造成难产。

从开始启动分娩到产出胎儿，一般需要 5～12 小时。一般来说，初产牛所用的时间要长一些，表现也要强一些。

三、胎衣排出期

从胎儿排出至胎衣排出的这段时间就是胎衣排出期。胎儿排出后母牛即安静下来，努责消失，子宫会有几分钟的短暂休息，然后又会开始阵缩（有些分娩牛在这一时期还伴有轻度的努责），以便将胎衣在一定时间内排出体外。

第三节　助　产

分娩是动物正常的生理过程，在一般情况下，胎儿均能自行娩出，而做好分娩母牛的助产工作，则是提高犊牛成活率的一个重要措施。奶牛临产前后的护理工作，对奶牛产犊顺利与否、生殖器官疾病以及产后再受胎都有密切关系。护理不好，会造成奶牛的死亡，或终身丧失繁殖能力。

一、助产的目的

（一）监护分娩过程是否正常　分娩过程正常，可以待其自然产出或稍作正常帮助，以减少母牛体力的消耗；若在分娩过程中发现异常分娩，及时给予必要的一般性助产矫正，有利于犊牛的产出。

（二）护理犊牛，避免损伤 犊牛产出后，如不注意保护，可能被母牛或其他母牛踩踏受伤或致死；有的犊牛体弱不能站立，不会吮乳，导致抗病力弱，引起死亡；或者因脐带护理不当，感染细菌或引起破伤风。所以，通过助产对犊牛加以护理是非常必要的。

（三）预防母牛产后感染 母牛在排出胎儿的过程中，产道往往会受到损伤。如果在产前、产后对其外阴部及周围不进行消毒处理，有可能使病原微生物通过创伤侵入，导致发生生殖器官和全身疾病。所以，在分娩过程中对临产母牛的护理是非常必要的。

二、助产前的准备工作

（一）产房的准备 为了分娩的安全，应设有专用的产房和分娩栏。产房要求清洁干燥、阳光充足、通风良好，还应注意宽敞，以免因地面狭窄母牛踏压犊牛，也便于助产操作。产房墙壁、地面要平整，以便于消毒。产房铺垫的垫草不可切得太短，以免犊牛误食而卡入气管内。产房还应注意保暖，不可使犊牛受冻。临产母牛应在预产期前1周左右进入产房，随时注意分娩征候。产房要用2%～3%的来苏儿溶液或热碱水喷洒进行全面消毒，垫料提前放入产房内预热。

（二）助产器械和药品的准备 产房内应备有助产器械和药品，包括酒精、碘酊、脱脂棉、消炎粉、来苏儿、新洁尔灭、高锰酸钾、肥皂、毛巾、干布、剪刀、镊子、针头、结扎脐带用线、托脐带用的绷带、手电筒、脸盆、注射器、胶鞋、工作服、常用手术助产器械以及缩宫素和难产时用于牵拉犊牛的消毒绳等，这些药品和器械都要提前准备好，避免临时准备。

（三）助产的方法和原则

第一，尽可能保证母子安全，在不得已时，才舍子保母，同时还必须力求保持母牛的繁殖能力。

第二，注意胎儿的胎势，如胎势正常，可让其自然分娩。如果出现倒生，当其后肢露出后，要及时拉出，因胎儿腹部进入产道时，脐带容易被压在骨盆上，若停留太久，胎儿可能会窒息死亡。

第三，胎儿的头、前蹄露出阴门而羊膜未破时，要及时将羊膜撕破，并将胎儿鼻腔周围的黏液擦净，以利于胎儿呼吸。若羊水流出过早，可向阴道内灌灭菌肥皂水或植物油，以润滑产道，便于拉出胎儿。

第四，牵拉胎儿时应配合母牛的努责，牵拉过程中要注意保护阴门，以免受伤。矫正胎位时需将胎儿推回子宫内进行。

第五，接产时要准备肥皂、毛巾、刷子、绷带、镊子、剪刀、脸盆、产科绳、消毒药(新洁尔灭、来苏儿、酒精、碘酊)等，有条件的可配备常用治疗器械和手术助产器械。母牛多在夜间分娩，值班人员应注意观察。

第六，设置专职接产员，取消传统的轮流接产管理方式。要根据有利于产后配种妊娠的原则制定接产岗位员责任制、操作规程和考核办法，并对分娩环境、接产操作、助产原则、难产处置以及产后母子护理、产后监护等方面都做出具体规定，以降低分娩母牛产科疾病的发生率。北京市西郊农场奶牛四场采用专职接产员后，母牛产道损伤发病率由 4.21％下降至 1.82％，产后感染率由 20.79％降至 15.97％，死胎率由 7.94％降至 3.95％。

三、自然分娩奶牛的助产

助产工作应该在严格遵守操作规程的原则下，按照以下方法和步骤进行，以保证犊牛产出和母牛安全。

妊娠牛应在临产前 10 天左右进入产房，昼夜要有人看护，一旦发现分娩症状，马上将事先准备好的用具、药品拿到产房。接产人员要剪短指甲，以防划破母牛子宫和胎儿皮肤，同时做好手臂消毒。当母牛出现分娩征候时，应将其外阴部、肛门、尾根、后躯洗净，用 0.1％新洁尔灭溶液消毒，并用 75％酒精棉球擦拭外阴部以减少消毒液对阴门黏膜的刺激。

观察母牛的阵缩和努责状态，正常分娩时，子宫肌肉的收缩

（即阵缩）和腹肌、膈肌的收缩（即努责）是促进胎儿从子宫内排出的动力。在开口期只有阵缩而没有努责。当分娩进入产出期，母牛开始闭气努责，随之努责和阵缩同时发生。此时，母牛拱背闭气，出现正常努责。努责微弱时，可以看出分娩的力量不足，胎儿排不出来，或仅排出一部分，其余的不再排出。在发现努责时，如果产程过长，子宫颈口已经开张，胎水已经排出，尤其是胎儿已经死亡时，助产人员应采取措施，设法将胎儿拉出来。当努责过于强烈或努责时间过长，2 次努责间歇时间很短，胎儿迅速排出时，软产道往往会受到严重损伤。胎位正常时尽量让其自由产出，不得强行拖拉。

一般胎膜水泡从阴门露出后，10～20 分钟母牛会卧下，注意要使母牛向左侧卧，以免胎儿受瘤胃压迫难以产出。

当胎儿的前蹄将胎膜顶破，羊水外流时，可用盆、桶将羊水接住，并喂给母牛 500～800 毫升，可预防胎衣不下。

当胎儿姿势不正常时会造成难产，如果出现痉挛性或强直性阵缩，母体胎盘血管受到压迫，会使胎儿长期缺氧而窒息，有的还会继发子宫脱出。此时，可使母牛站立，抬高后躯，减轻子宫与骨盆的接触和压迫。亦可牵动母牛走动，捏其阴蒂使努责减弱，必要时可使用麻醉药品。

当胎头通过阴门时，如阴唇和阴门非常紧张，应用两手托住阴唇和会阴部，使阴门的横径扩大，促使胎儿头部顺利通过，避免阴唇上联合处撑裂。如胎儿头部特别是眉弓部通过阴门时间较长，母牛阵缩和努责微弱，无力排出胎儿时，需帮助拉出。

如果胎儿与产道的关系异常，需及时进行矫正。对胎儿的矫正，应在母牛已躺下努责、胎儿进入产道、从阴门可以看到排出的胎胞时进行。首先，隔着胎膜触诊胎向、胎位和胎势，然后根据情况进行矫正。矫正前要将指甲剪平磨光，手及手臂严格消毒；矫正过程中不要撕破胎膜，以免胎水流失，影响子宫扩张及胎儿排出。

四、难产奶牛的助产

正常产犊时，犊牛的两前蹄蹄底是朝下的，两前肢夹着头先露出来；如果两后肢夹着尾巴先露出来，蹄底是朝上的，属于倒产，需要助产将其迅速拉出，但不能用力过猛。

如果两前肢没有夹着头，两后肢没有夹着尾，或先伸出一条肢体，头部先出来，以及长时间产不出来时，均为难产，可按以下步骤进行助产。

（一）术前检查 发生难产时，首先要对母牛进行全身检查，以便掌握母牛的状态。如母牛心跳过弱或亢进，心律失常，必须输液或皮下注射樟脑制剂。其次要了解开始分娩的时间，是初产还是经产，胎膜是否破裂，有无羊水流出，腹围及母牛大小等。最后，必须做好母牛的产道检查，一般来说，初产牛难产多因产道狭窄，经产牛难产则多因胎儿的方向、位置、姿势不正。因此，产道检查的目的是了解产道是否狭窄、干燥、水肿、有无损伤，子宫颈开张程度（母牛子宫颈开张不全较为多见），骨盆、产道有无畸形、肿瘤等，并注意胎水的颜色和气味。检查胎儿，看其进入产道的程度（正生或倒生）、胎位、胎向和姿势并判定胎儿的生死，再确定助产方法。

胎儿生死的鉴别要点是：正生时，用手指探入胎儿口中，如感到有吸吮动作，表明胎儿尚活，没有吸吮动作则为死胎；胎位倒置时，触摸脐动脉或用手伸入肛门，如感到脐动脉跳动，肛门有收缩反应者，表明胎儿尚活，否则为死胎。

如果胎儿还是活的，助产时要注意保护胎儿；若胎儿已死亡，助产时可不顾及胎儿的损伤。

（二）助产前的准备 母牛采取站立保定，使母牛前肢低后肢高，便于矫正胎位，方便助产操作。

将胎儿露出的部分以及母牛的会阴、尾根等处洗净，再用0.1%新洁尔灭溶液或3%过氧化氢溶液冲洗消毒，以免操作时污染产道。

做好各种器械的消毒工作，准备2～3条长2～3米、直径约1厘米的柔软棉绳用于牵拉胎儿。

（三）助产方法 体况差的母牛要及时补液，使其恢复体力。产道干涩时先灌注灭菌润滑油。软产道开张不全，如子宫颈开张不足，可肌内注射雌二醇10～20毫升。阴道、阴门、硬产道狭窄，或由于胎儿过大而发生难产时，可进行体外助产，牵拉胎犊，帮助母牛分娩。胎儿胎位、胎势和胎向不正时则要进行体内助产，进行矫正。牵引与母牛的努责相配合，即母牛努责时牵拉，努责间歇时停止牵拉，在牵拉的同时，助手还可适当推压母牛的腹部，增加努责的力量。拉出胎儿的方向，应该与骨盆轴的方向一致，即先向上向后，再水平向后，再向上向后。牵拉时要均衡持久用力，双胎时要推少拉多，推下拉上；胎儿被卡住时要左右交替用力拉，注意保护母牛会阴部；拉出最后的膨大部后要减速。整个助产过程要严格消毒，以减少感染。为防止牵拉胎儿引起子宫内翻或脱出，当胎儿骨盆区或胎儿头部将要拉出时，要缓拉或停拉，借母牛努责的力量使其自然滑出。在胎儿腹部通过阴门时，助产人员可把手伸到胎儿腹下，拉住脐带与胎儿同时拉出，避免脐带断在脐孔内。

总之，母牛难产的种类较多，也较复杂，在接产和助产时，要求工作人员依具体情况因势利导，除挽救母牛和胎儿外，还要注意保持母牛的繁殖能力，要尽量避免母牛产道的感染和损伤，特别是在使用器械时，更应特别小心，以防事故发生，实现母子双安全。

（四）助产时的注意事项 若胎位不正，先将胎儿送回子宫腔内，再矫正胎儿的姿势；拖拉胎儿时，助手协同有节奏地推、拉、拖，并配合母牛的努责，以免损伤产道；如难产牛产道狭窄或干燥，可以注入一定量的消毒液状石蜡，以润滑产道，并保护黏膜；胎儿头部暴露在外时，术者要抱平胎儿一推一拖，顺势慢慢拉出，切忌强行突然拉出，以免母牛腹压突然下降而引起休克；胎儿平安拉出后，术者要及时清除母牛子宫内的胎衣碎片和淤血，并撒进一定量的抗生素粉，以防术后感染。

第四节 饲养与管理

在这一阶段，管理人员务必要了解奶牛的分娩征候、分娩过程以及分娩过程中易出现的问题，还要了解饲养管理对奶牛繁殖功能和生产能力的影响，以便做出合理安排，减少经济损失。

一、目 标

保证母牛顺利生产和母子健康为这一阶段的主要目标。

二、措 施

保持产房清洁、干燥，尽量让母牛自然分娩；保持安静，不要干扰母牛的分娩过程；产房的值班人员要密切注意母牛的分娩过程，注意观察母牛分娩过程中出现的异常情况，如难产等，一旦发现异常情况，要及时与兽医取得联系，采取合理的施救措施；为母牛提供充足、清洁、温热的饮水；注意接产，确保犊牛健康。

第五章　围产后期奶牛的饲养与管理

围产后期是奶牛产后至生殖器官复旧为止的一段时间，在这一阶段，奶牛要经历分娩、泌乳和生殖器官的恢复。这时机体对疾病的抵抗力大大降低，同时经过分娩过程，母牛产道存在着许多创伤，子宫颈口尚未关闭，宫腔内积聚着大量的恶露，新的子宫黏膜上皮还没有形成，这些情况都给病原微生物的侵入和繁殖提供了有利条件，如果这时的管理不科学，麻痹大意，容易使母牛受到细菌感染，不仅直接影响到产后繁殖功能的恢复和生殖器官的复旧，而且会导致一系列生殖系统疾病或其他并发症，甚至造成繁殖障碍。所以，在生产实践中，对奶牛在分娩时期和产后期的饲养管理必须科学合理，不能有丝毫疏忽，否则后果不堪设想。

第一节　饲养与管理的目标

围产后期的饲养与管理应依据母牛产后生理代谢的变化，尽早增加营养，加快母牛体质恢复，为泌乳高峰期的到来打好基础。

在这一时期，由于母牛分娩过程体力消耗很大，产后体质虚弱，饲养原则是促进母牛体质的恢复。

第二节　饲养与管理的措施

一、饲养措施

为减轻产后母牛乳腺功能的活动，并照顾母牛产后消化功能较弱的特点以及母牛以后大量泌乳所需的营养，应科学配制母牛日粮，以保证母牛的营养需要。

此阶段要提高母牛日粮营养浓度，适应低采食量情况下的实际需要，减少体况损失。但精饲料增加不宜过快，否则会引起瘤胃酸中毒、皱胃移位、乳脂率下降等一系列问题。

饲喂优质粗饲料，中性洗涤纤维含量为28%～33%，并保证有充足的有效长纤维。可每日饲喂2～4千克优质长干草（最好是苜蓿），确保瘤胃充盈状态和健康功能。日粮中钙、磷和精、粗饲料比例要适当，钙为0.6%～0.8%，磷为0.3%～0.4%，精、粗饲料干物质比以40∶60为宜。

分娩后1～3天饲喂精饲料量应控制在3～4千克，优质干草2～3千克，青贮饲料15千克左右，块根和糟渣类饲料适量，可添加过瘤胃脂肪提高日粮能量水平，其补充量控制在日粮干物质的2%～3%。以上各种饲粮的喂量均需视母牛消化功能及乳房水肿情况灵活调整。

添加缓冲剂，以稳定瘤胃pH，增加干物质采食量。一般碳酸氢钠与氧化镁一起使用，比例为2～3份碳酸氢钠加1份氧化镁，碳酸氢钠的添加量为干物质采食量的0.75%。

母牛分娩后，胃肠功能较弱，产后2～3天应以饲喂优质干草为主，同时补喂一些易消化的精饲料。如每日饲喂3千克麸皮和玉米，2～3天后开始逐渐增加日粮中钙和食盐的含量。其方法可用配合精饲料替换麸皮和玉米，母牛一般产后第三天替换1/3，第四天替换1/2，第五天替换2/3，第六天全部饲喂配合精饲料。

分娩4天后，在母牛食欲良好、代谢旺盛、产奶功能迅速增强时，在日粮中逐渐增加多汁饲料，并可随其产奶量的增加，根据泌乳和消化情况逐渐增加精饲料和青贮饲料喂量。实践证明，每日精饲料增加量以0.5～0.75千克为宜。但仍需根据奶牛食欲、反刍、乳房、乳汁、粪便状态，及时调整喂量，既要保障奶牛前胃功能的尽快恢复，又不会因饲喂量增加过快而造成消化障碍、瘤胃积食等疾病。

产后1周，母牛食欲转好，消化功能趋于正常。在此阶段，日粮中每日增加0.3千克精饲料，直至达到每日6.5～7千克；粗饲料每日每头喂给青贮玉米15千克，块根类饲料3千克以内；自由采食干草，但最低饲喂量为每日每头3千克。日粮干物质占体重的2.5%～3%，每千克日粮干物质含2.3～2.5个奶牛能量单位，含粗蛋白质18%～19%，其中应包括足够的瘤胃降解蛋白质与非降解蛋白质，非降解蛋白质含量达粗蛋白质的40%左右。含钙0.7%～1%，含磷0.5%～0.7%，粗纤维大于15%。

产犊后3周奶牛采食量变化可参照表5-1。在实际生产中应把它和体况评分结合起来进行分析，以确定最合理的干物质采食量。

表5-1 产犊后3周奶牛干物质采食量 （千克/日）

	第一个泌乳期			第二个泌乳期		
产奶量	18	27	36	23	32	41
产后第一周采食量	12.3	13.6	14.9	14	15.3	16.6
产后第二周采食量	13.7	15.5	17.2	15.8	17.6	19.4
产后第三周采食量	15	16.9	18.8	17.5	20.7	21.2

二、管理措施

此阶段是奶牛乳热症、酮病、胎衣不下、子宫炎、皱胃移位和乳房炎等常见疾病多发阶段。此期饲养与管理的好坏，不仅影响整个泌乳期的产奶量，而且对奶牛的健康状况和繁殖功能均有很大影响。若饲养管理不当，将会造成奶牛产犊后气血亏损，消化功能弱，抗病力差，泌乳量减少，还会影响奶牛的正常发情和配种。因此，加强奶牛产犊后的饲养管理，可使其体质尽快恢复，子宫及早复原，迅速消除乳房水肿状态，防止乳热症及其他疾病的发生。

分娩后，应尽早驱使奶牛站立，及时更换垫料，保持干燥、松软，并注意生殖道的出血及胎衣排出情况，发现异常情况及时进行生殖道检查。胎衣排出后要及时检查是否完整，并取走胎衣，以防母牛吞吃。如胎衣滞留24小时（夏季12小时）以上，应采取适当方式进行治疗(包括手术剥离)。

对于刚分娩的奶牛,为了防止子宫脱出,可牵引奶牛缓行 15 分钟左右,以后逐渐增加运动量。要注意观察恶露排出情况,及时处理恶露闭塞现象。

分娩后 0.5～1 小时,由于母牛体力消耗很大,应该让其安静休息。同时,要给刚分娩后的母牛饮喂温热麸皮盐钙汤、小米粥或益母草红糖水,以补充奶牛分娩时体内水分的损失,增加腹压,以利于胎衣排出、恶露排净和产后子宫复原。麸皮盐钙汤的做法是:温水 10～20 升、麸皮 500 克、食盐 50 克、碳酸钙 50 克。小米粥的做法是:小米 500～1 000 克,加水 15～20 升,煮制成粥加红糖 500 克,晾至 40℃左右喂给母牛。益母草红糖水的做法是:益母草 500 克,加水 10 升,煎成水剂后加红糖 500 克。每日 1～2 次,连服2～3 天,有利于促进奶牛恶露排净和产后子宫复原。

奶牛产犊后,乳腺分泌活动迅速增强,但由于奶牛产后体质虚弱,此时应以恢复奶牛体质为主,故在最初几天挤奶时,不要将乳汁全部挤净,而应使其留有部分乳汁。如果产犊后 1～4 天就将乳汁全部挤出,血钙含量会迅速下降,易引发乳热症,即使治疗及时,产奶量也会大受影响,如不及时治疗或病势严重,则会导致母牛死亡。一般在产后 30～60 分钟即可挤奶。产后第一天,每次挤出 2 千克左右够喂犊牛即可;第二天,大约挤出日产奶量的1/3,第三天挤1/2,第四天挤3/4,到第四、第五天泌乳和消化功能恢复后再正常挤奶,这样既有利于奶牛尽早恢复体质,又可防止奶牛患乳热症。试验表明,分娩后 21 天内,每日实行 4 次、6 次挤奶的牛,可以使产奶高峰期的产量增加。实行 4 次挤奶,应每次间隔 6 小时,但如果不能实行等间隔挤奶,为了方便操作,也可在早、晚 2 次挤奶作业的最初和最后各进行 1 次。分娩后 21 天内,实行早晨和晚上各 2 次挤奶,要得到预期效果,早晨和晚上各 2 次挤奶的最低间隔应不少于 90 分钟。

产后 1 周,多数奶牛乳房水肿消退,恶露基本排净,食欲良好,消化功能恢复正常。此时可逐渐增加精饲料的饲喂量，多喂优质干草，控制饲喂青绿多汁饲料。泌乳初期切忌过早加料催乳，以免引起体重下降，代谢失调。乳房水肿比较严重的，开始几次不能将初乳挤净，原则上够犊牛饮用即可，以促使乳房水肿消退。在奶牛分娩时，消耗大量体力，失水也较多，产犊后易感口渴，但不能立即供给冷水，因为饮冷水易患感冒和使子宫内的胎衣滞留不下。应在母牛产后休息 20～50 分钟后再喂给与体温相近的温盐水，连饮 5～7 天，7 天后饮水可降至常温。同时，视乳房水肿消散情况，尽量使牛多饮水，以促进食欲，帮助消化。

分娩后期要严禁过早催乳，以免引起母牛体质迅速下降而导致代谢失调。对产后 15 天以内的母牛，饲养重点应以尽快恢复体质健康为原则，待母牛一切正常后，转入泌乳牛群。

一般奶牛产后 15～20 天体质恢复，乳房水肿消失，此时日粮可增加到产奶量所需的标准喂量。注意在增加饲料及更换饲料种类时，必须逐渐进行，否则易导致母牛消化不良，出现腹泻、腹胀等，影响食欲和产奶量。

奶牛产犊后，应注意控制多汁饲料和精饲料的饲喂量，尤其要控制蛋白质饲料的饲喂量，不能急于催乳，尽量多喂优质干草，以保持牛的食欲和体况，为以后高产创造有利条件。对个别体质弱、食欲不强的奶牛，每日应加喂健胃散，几天后奶牛即可恢复食欲。有的奶牛产后乳房不出现水肿，身体健康，食欲旺盛，可喂给适量精饲料和多汁饲料，6～7 天即可达到标准饲喂量。注意奶牛的饲喂次数应与挤奶次数一致。

奶牛在产后初期全身免疫功能往往较差，如挤奶工作稍有不慎就会引起乳房炎，这时发生乳房炎往往来势较凶，一定要尽早治疗，避免引起其他疾病。

奶牛产后要重点观察子宫排出物的气味与物理状态，如有异常，及时处理。检测粪便，如果粪便出现稀薄、颜色发灰、恶臭等不正常现象，则说明瘤胃功能不正常，应适当减少精饲料喂量，促进奶牛对长粗纤维的采食。

记录体温变化，及早发现可能患有乳房炎和其他传染性或代谢性疾病的奶牛。

第三节 奶牛产后营养不平衡的表现与防治对策

生产实践中，奶牛产后往往有饲料营养不平衡的情况，有的是因为饲料中某种成分缺失，有的是因为饲料中某种成分过量，还有的是因为饲料中某几种成分之间的比例失调，这些都属于饲料营养不平衡。不论是哪种情况，都或多或少影响奶牛的生产，特别是高产牛，饲料营养不平衡的表现尤为明显。饲料中营养不平衡，会使奶牛产生体征变化、产奶量降低、发情推迟、繁殖率降低等表现，给生产造成不可预见的损失。

一、饲料中脂肪不平衡的表现与防治对策

饲料中的脂肪对奶牛的生产有两方面的作用，一方面供给奶牛非生产的能量需要，另一方面有65%用于形成乳脂。所以，如果饲料中的脂肪浓度不足，首先为了满足产奶需要，就会造成非生产能量的缺失，表现为奶牛消瘦、体重减轻，这样势必影响后续的生产能力。奶牛在产后，产奶量逐渐增加，泌乳所需的营养也逐渐增加，而对采食量的反应应答迟缓，当出现能量负平衡时，为保证泌乳的需要，奶牛必然动用体能的储备，于是就会引起体况下降，严重者可能引起营养缺乏性酮病发生，这是饲料中脂肪缺少的主要表现。奶牛产前饲料中的脂肪适宜添加量为日粮干物质的7%，这样可使奶牛保持中等膘情。产后随着产奶量的增加而适当增加脂肪含量，既可保证奶牛的产奶需要，又可满足奶牛的非生产需要。

但并非供给奶牛脂肪越多越好，过量的脂肪浓度，也会产生能量负平衡。可造成奶牛产后30天第一次配种受胎率降低，这是因为干奶期过于肥胖的奶牛，泌乳早期的采食量降低，使产后体况降

低而影响繁殖力。严重肥胖的奶牛，在产后就会动用更多的体脂用于产奶的能量需要，结果在肝脏积累大量的丙酮，形成消耗性酮病，这是导致产后至第一次排卵的时间间隔延长以及繁殖率降低的主要原因。预防措施是提供合成孕激素的前体物胆固醇，增加孕激素的浓度，刺激卵泡发育。

二、饲料中蛋白质不平衡的表现与防治对策

蛋白质是奶牛饲料最重要的组成部分，饲料中蛋白质缺乏，会导致饲料适口性下降，直接导致体重下降，进而影响发情、受胎、妊娠，最明显的表现就是产奶量下降，特别是在高产奶牛尤为明显。但并不是说饲料中的蛋白质越多越好，过高的蛋白质饲料，反而会引起繁殖力降低，特别是在产后阶段，当饲料干物质中粗蛋白质含量超过18%，就会增加空怀天数，延长产后第一次排卵时间，降低受胎率。防治对策是根据奶牛的体重、生理阶段和产奶性能等实际情况，科学合理地制定饲料蛋白质水平。可选用菜籽粕等蛋白质含量高、瘤胃降解蛋白质含量低的精饲料，同时供给适当的可降解碳水化合物，保证其与瘤胃降解蛋白质有适当的平衡。

三、饲料中钙、磷比例失调的表现与防治对策

缺钙的奶牛，常可发生骨质软化和骨质疏松，产后奶牛子宫复旧推迟、黄体体积小、卵巢囊肿和胎衣不下，并可引起乳热症。对于高产奶牛来说，首先维持牛奶中的钙、磷含量，如果饲料中钙、磷含量不能满足产奶量增加的需要，一是产奶量明显下降，二是奶牛体质也会明显下降。钙、磷比例失调，母牛往往出现性周期紊乱、乏情或屡配不孕、流产、子宫内膜炎、子宫脱垂、乳房炎及产奶量降低等。防治对策是根据泌乳牛在泌乳期体内钙、磷贮存能力增加的特殊生理规律，除在泌乳后期充分供给人用钙、磷制剂外，还应特别注意泌乳后期和干奶期供给高于产奶及胎儿所需要的钙、磷量，以弥补前期的损耗和增加骨组织的贮存。钙的摄取量控制在每日每头75克

以上，钙、磷比例保持在 1∶3 或 1.5∶1 的水平。

四、饲料中维生素缺乏的表现与防治对策

(一)维生素 A 缺乏 若饲料中缺乏维生素 A，会导致母牛发生生殖器官炎症，隐性发情，发情期延长，延迟排卵或不排卵，持久黄体和卵泡囊肿，受胎率降低，胎盘形成受阻，胚胎死亡、流产，胎衣不下和子宫内膜炎。另外，还可导致产奶量下降、免疫功能降低。防治对策是发病后增喂胡萝卜、青苜蓿，维生素 A 添加剂加倍添加，或者肌内注射维生素 AD 注射液。维生素 A 添加剂的建议用量为 3 000～4 000 单位/千克干物质。

(二)维生素 D 缺乏 维生素 D 最基本的功能是促进肠道钙、磷的吸收，提高血液钙和磷的水平，促进骨的钙化。维生素 D 缺乏的奶牛，主要表现为精神沉郁、不活泼、食欲下降、消化不良、消瘦，当血钙降到一定程度时发生神经过敏、痉挛和抽搐等症状。防治对策是奶牛临产前添加大剂量维生素 D，不但可预防乳热症，保证奶牛机体健康，而且可以提高母牛的受胎率，并可使发情征候明显。

(三)维生素 E 缺乏 维生素 E 又称生育酚，具有多种生理功能。维生素 E 对改善繁殖功能有重要作用。据最近几年的报道，繁殖失调(最突出的是胎衣不下)的发生率与维生素 E 的摄入量有较大关系。维生素 E 与微量元素硒具有协同作用，在妊娠牛预产前 60～70 天肌内注射亚硒酸钠-维生素 E 注射液，可明显改善母牛健康和生产状况，特别是对降低胎衣不下和临床型乳房炎的发生率有效。研究表明，围产期给奶牛饲喂维生素 E (25～50 单位/千克干物质)是必要的，在青绿饲料短缺的时候，每日供给母牛 1.5～2.5 千克胡萝卜也是补充维生素 E 的最佳措施。

奶牛日粮最关键的就是平衡，不论是哪种营养物质，一定要根据实际需要，进行科学配制，即使出现饲料中营养不平衡的现象，只要及时进行相应的补救和调整，也可消除奶牛因饲料营养不平衡所引起各种疾病的发生。

第六章　新生犊牛的护理与饲养管理

犊牛的饲养与培育是整个奶牛生产中十分重要的环节。新生犊牛饲养与培育的主要任务，一是使其全部成活，努力降低犊牛群的死淘率；二是培育犊牛对饲料有较强的消化和吸收能力，进而具有较大的采食量；三是使其具有优质奶牛的特定体质。由此可见，犊牛的饲养与培育直接关系到整个牛群的未来。由于新生犊牛机体抵抗力较弱，5%～20%的犊牛多在出生 1 周内患病死亡。因此，加强这一时期的饲养管理，是提高犊牛成活率，充分发挥其生产性能，获得更高经济效益的关键。

第一节　新生犊牛的护理

一、基本护理

新生犊牛的基本护理分为以下几个步骤。

第一步，清除黏液。新生犊牛出生后，马上要用准备好的干布或干毛巾擦净犊牛口腔、鼻内的黏液，防止犊牛窒息死亡。若已吸入，则可倒提犊牛两后肢，拍打胸部，使其吐出黏液。但倒提不可过久，因为腹腔脏器的压迫更易导致窒息。呼吸道畅通后，人为诱导呼吸（交叉挤压、放松胸部）或用草秸搔挠鼻孔。如犊牛产出时已无呼吸，但尚有心跳，可在清除其口腔和鼻孔的黏液后将犊牛在地面摆成仰卧姿势，头侧转，按每 6～8 秒钟 1 次的节律，按压与放松犊牛胸部进行人工呼吸，直至犊牛能自主呼吸为止。

第二步，断脐。在清除犊牛口腔和鼻孔的黏液以后，如犊牛脐带自然断裂并出血，可在脐带断端用 5%碘酊消毒，无须结扎。如脐带尚未自然断裂，应进行人工断脐。方法是：在距离犊牛腹部

8～10 厘米处，两手卡紧脐带，把脐带中的血向犊牛脐部捋几下，然后在离犊牛腹部 10 厘米处的远端用消毒的剪刀将脐带剪断，挤出脐带中的黏液，并将脐带的断端放入 5%碘酊中浸泡 1～2 分钟。断脐后，应尽快擦干犊牛身上的被毛，以免犊牛受凉，尤其在环境温度较低时，更应如此。也可以让母牛自行舔干犊牛身上的被毛。出生 2 天后应检查犊牛脐带是否感染，正常时应很柔软，若感染则犊牛表现精神沉郁，脐带区红肿并有触痛感。脐带感染能很快发展成败血症（血液受细菌感染），引起犊牛死亡。

第三步，尽快扶犊牛站立，接近母牛，及时除去犊牛的软蹄。地面要铺上干草或麦秸等，让母牛舔干犊牛身上的黏液，以利于犊牛呼吸器官功能的提高和肠蠕动，胎液中含有某些激素，能加速母牛胎衣的排出，用干草擦去多余的胎水。

第四步，及时哺喂初乳。初乳营养丰富，尤其是蛋白质、矿物质、脂肪和维生素含量比常乳高。其蛋白质中含有大量免疫球蛋白（IgA、IgG、IgM ），对增强犊牛的抗病力起到关键作用。初乳中的镁盐较多，有助于犊牛排出胎粪，能有效预防大肠杆菌引起的犊牛腹泻，对犊牛后期的生长发育很重要。鉴于初乳的作用以及初乳随产后时间的增加而作用逐渐消失的特点，一般在产后 0.5 小时内给犊牛喂第一次初乳，喂量 2 千克，第二次应在首次饲喂的 4 小时之后饲喂，一般初乳日喂量为犊牛体重的 8%～10%。如果犊牛在产后 0.5 小时内不能及时吃到初乳，将会失去吸吮初乳的能力。初乳的饲喂时间为 5～6 天，要随挤随喂，保证奶温。

犊牛刚出生时，免疫球蛋白以未经消化状态、透过肠壁被吸收进入血液的形式发挥免疫作用。但随着时间延长，吸收未经消化免疫球蛋白的作用会慢慢消失，此现象称为肠壁闭锁（图 6-1）。研究发现，分娩后 30 分钟内第一次所挤的初乳质量最好，第二次、第三次挤出的初乳中，抗体浓度会降低 30%～40%，而犊牛刚出生时对抗体的吸收率约为 20%（6%～55%）。

喂奶量应根据犊牛的体重大小而定，一般为体重的 8%～

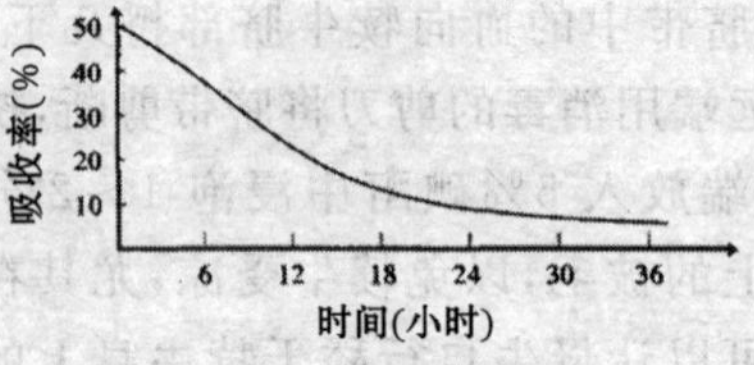

图 6-1　犊牛对初乳中免疫球蛋白的吸收率

10%。如果每日分 2 次饲喂，则每一次的喂奶量为体重的 4%～5%。

每次喂奶完毕，要用干净毛巾将犊牛口、鼻周围残留的乳汁擦净，然后用颈架夹住几分钟，防止犊牛互相乱舔而形成舔癖。舔癖的危害很大，常使被舔犊牛发生脐带炎、乳头炎或睾丸炎，以至丧失其利用价值或降低生产性能。同时，有这种舔癖的犊牛，容易舔吃牛毛，时间过长会在瘤胃中形成许多扁圆形的毛球，这些大小不一的毛球往往会堵塞食管、贲门或幽门而导致犊牛死亡。每次用完的哺乳用具、饲槽，要及时清洗，定期消毒，以减少细菌的生长和病原菌的传播。喂奶时要观察犊牛的食欲，运动时要观察犊牛的精神，清扫时要观察犊牛的粪便。健康犊牛一般表现机灵、眼睛明亮、耳朵竖立、被毛闪光，腹泻犊牛常表现眼窝下陷、耳朵下垂、皮肤包紧、腹部蜷缩、后躯粪便污染、排稀粪等。

犊牛出生后应及时放入育犊室(栏)或者犊牛岛内。育犊室(栏)大小为 1.5～2 平方米，每犊 1 栏，隔离管理。出育犊室(栏)或者犊牛岛后，可转到犊牛栏中，集中管理，每栏放犊牛 4～5 头，或用带有颈架的饲槽饲喂，另设容纳 4～5 头犊牛的卧牛栏。牛栏和牛床均要保持清洁、干燥，铺上垫料，做到勤打扫、勤更换垫料。牛栏地面、栏壁等都应保持清洁，定期消毒，冬季每月至少进行 1 次，夏季每 10 天 1 次，用苛性钠、石灰水或来苏儿溶液对地面、墙壁、栏杆、饲槽、草架进行全面彻底消毒。舍内要有适当的通风装置，保持舍内阳光充足，通风良好，空气新鲜，冬暖夏凉。

冬季出生的犊牛，除了要做到上述护理措施外，还要搞好防寒保温工作，但不要点柴草生火取暖，以防烟熏，导致犊牛患肺部疾病。

每日刷拭犊牛皮肤 1～2 次，可促进皮肤的血液循环和呼吸，以利于皮肤的新陈代谢。保持皮肤清洁，防止体表寄生虫孳生，提高犊牛抗病力。同时，通过刷拭，也可调教犊牛。刷拭时可用软毛刷，手法要轻。

运动对骨骼、肌肉、循环系统、呼吸系统等都会产生影响，尤其犊牛正处在生长发育的旺盛时期，运动尤为重要。一般情况下，生后10天根据天气状况就要将其驱赶到运动场，每日在运动场内自由活动0.5～1小时，1月龄后运动时间可增至2～3小时。每日分上、下午2次进行。犊牛运动要循序渐进，不能过猛、过强，还应注意防寒、防暑。

管理人员必须用温和的态度对待犊牛，经常接近它们、抚摸它们，刷洗牛体，使其在成年后具有温驯的性格。

二、新生犊牛患病时的表现

(一)站立能力 新生犊牛一般产后0.5小时即可站立，但持续的时间不长，也有一些犊牛站立较迟。初生后的犊牛体质较弱，开始时卧地不起，停一段时间后尝试性站立，开始呈半站起姿势，跌倒数次后即可自行站起，但此时站得并不稳，呈左右摇摆状，并且浑身颤抖。若产后一直不能站立则为患病的表现。

(二)吮乳反射 新生犊牛站立后，就有吮乳反射，即寻找乳头，并开始吮乳。要注意观察犊牛吮乳情况，如是否用头顶撞乳房，确定是否能够吃进初乳。如果发现犊牛吸乳反射减弱，或者不寻找母牛吮乳，则需要进行详细检查。

(三)精神状态 健康犊牛精神活泼，耳、尾灵活，喜欢跑跳。若受到感染或患病时，则精神不振，头低耳耷，不愿起立走动。

(四)姿势 新生犊牛有时卧地，但在人接近时常自动站起。当犊牛腹痛时，则不断滚转、转头，或做不自然的躺卧姿势。犊牛患肠炎、便秘等疾病时可呈现腹痛症状。

(五)体温 新生犊牛可借助肌肉抖动或其他活动，使体温保持在恒定范围内。当患病时，尤其是受到感染时，体温会升高，病危时体温则下降。

(六)心率 新生犊牛的心率较快,一般为72~100次/分。热性、疼痛性及呼吸系统疾病、毒血症等,都会引起心动过速,饥饿、迷走神经性消化不良等可以引起心动徐缓,有时还会出现心律失常。

(七)呼吸频率 犊牛的呼吸频率为20~40次/分。正常呼吸的次数、深度受多种环境因素(气温等)和牛的状态(运动等)影响,呼吸的次数、深度、特性可作为多种疾病的诊断依据。兴奋、运动、缺氧时呼吸的深度增加,代谢性酸中毒会导致呼吸深度和频率增加,胸、膈、前腹疼痛时呼吸变得浅表。牛的正常呼吸应该是胸腹式,在腹膜炎和腹部臌胀、疼痛时,妨碍腹部参与呼吸运动,可出现胸式呼吸,同样胸部和肺部疾患时则发生腹式呼吸。

一旦发现犊牛出现上述病理症状后,要及时进行治疗,加强护理,以保障犊牛健康。

三、新生犊牛出现窒息的原因及处理措施

由于在围产期死亡的犊牛有73%~75%不能观察到病理学改变,表明直接和间接窒息是其死亡的主要原因。犊牛出生以后,会因多种原因而使犊牛心跳停止,没有呼吸,这种现象即为窒息(或称假死),如不及时抢救,往往会导致真死,从而使牛场蒙受经济损失。

(一)引起犊牛窒息的原因

第一,母牛分娩时间过长,使很大一部分胎儿胎盘过早地脱离了母体胎盘,使胎儿得不到足够的氧气而引起暂时性窒息。

第二,胎儿体内二氧化碳累积,使胎儿过早地出现呼吸反射,引起酸中毒而造成暂时性窒息。

第三,胎儿倒生时产程缓慢,脐带受母体产道压迫,胎盘血液循环受到阻滞而发生窒息。

第四,胎儿产出时,胎膜未及时破裂而导致窒息。

(二)犊牛窒息的鉴别 如犊牛脐血管饱满,用手指捏住向腹外挤,当松开手指时,脐血管血液回流,仍保持饱满程度,即可判断

为窒息犊牛。

(三)新生犊牛的活力评价 新生犊牛的活力可用一种简便的4级评分方法进行评价。O级:没有生理紧张性,头下垂,四肢伸展,没有心脏活动;Ⅰ级:没有生理紧张性,头下垂,四肢伸展,有心脏活动;Ⅱ级:生理紧张性低,斜腹卧,头需要支撑,反射活动次数减少,强度降低;Ⅲ级:有正常生理紧张性,头竖起,反射活动正常。这种评价方法的最大优点是只要是受过基本训练的人员就可以掌握。

新生犊牛对外界刺激的反应、头的抬起、哺乳反射、对环境的注意力以及站起来所需要的时间也可作为评定新生犊牛活力的标准。

(四)犊牛窒息的处理措施 清除犊牛鼻腔和口腔中的黏液后,可进行物理刺激和(或)用呼吸兴奋剂刺激呼吸中枢,出生时活力为Ⅱ级的犊牛一般不需处理。许多犊牛对刺激呼吸,即用稻草插入鼻腔和(或)用稻草或毛巾擦拭体表都有良好反应。

除了进行上述处理外,如果在出生后2分钟内表现严重酸中毒症状不能开始呼吸的犊牛,必须进行复苏。复苏的当务之急是用缓冲剂对表现严重酸中毒的犊牛进行治疗(注射碳酸氢钠和葡萄糖注射液),以帮助严重的呼吸和代谢性酸中毒代偿。如果给予碳酸氢钠注射液后仍不能出现自发的或帮助换气,将导致血液内碳酸过多,对此可用2.2～4.4毫克/千克体重的剂量肌内注射黄嘌呤衍生物(如氨茶碱),刺激支气管扩张和膈肌的收缩性。对健康的新生犊牛,可以用3种方法进行复苏,一是用手摇抽气泵清除上呼吸道内的胎液,二是用5升冷水浇于新生犊牛头部刺激呼吸,三是在犊牛的牛栏中放置红外加热器防止热量的损失。

目前,在兽医临床实践中,重点是在出生时要防止犊牛发生窒息。在发生难产的情况下,应当选择适当的助产方式和时间,并且所选择的助产方式要尽可能避免犊牛酸碱平衡向着酸中毒的方向改变。引产前应考虑测量母牛的软产道,当母牛软产道扩张不充分时,必须用非手术或手术法(外阴侧切术)使软产道扩张,并且应使用产科润滑剂,以免引产时间超过2～3分钟和由于过度用力引产造成犊牛肋骨和脊椎骨折。

如果预测到要延长引产时间，应果断进行剖宫产以保证犊牛安全和防止母牛产道损伤。在剖宫产的情况下，胎膜破裂后应尽快进行手术，以减少新生犊牛发生严重窒息的比例。出生的犊牛若有严重窒息，应使用常规复苏处理（注射碳酸氢钠和葡萄糖注射液，刺激血液循环，并使用抗生素预防继发症），以减少产后犊牛的损失。在进行适当的治疗且犊牛恢复正常呼吸后，应特别注意使犊牛吸入足够数量的初乳，避免发生大肠杆菌感染。

第二节　新生犊牛的饲养与管理

第一，犊牛出生后应及时称重并编号，填写产犊记录及犊牛出生卡片或档案。犊牛档案的记录包括分娩时间、分娩母牛号、初生重、性别、犊牛编号等。

第二，产后第二天要实行母牛和犊牛分开管理，给犊牛及时哺喂初乳。犊牛出生后 0.5～1 小时即可哺喂初乳，越早越好。

初乳哺喂方法有 2 种：一是犊牛生后留在母牛身边（或隔栏内）共同生活 3～4 天，让犊牛自行吸食母乳，这种方式的优点是节约劳力，饲养员不必时刻照看犊牛，但对犊牛能否及时吃上初乳没有十足把握，且用这种方法饲喂，犊牛血液中的免疫球蛋白浓度比人工哺喂者低，也易造成母牛挤奶困难，一般不采用。二是出生后的犊牛立即与母牛分开，用挤出的初乳人工哺喂犊牛。这种方法虽然使用的人力较多，但能控制犊牛的初乳摄入量，且母子分开对母牛乳房的管理也非常方便与安全，更便于对犊牛状况的观察。一般犊牛每日哺喂 3 次初乳，喂后 1～2 小时饮温开水 1 次，3～5 天后可转为常乳饲喂。初乳的温度要接近体温，如喂前初乳温度太低应用水浴加热至 35℃～38℃再喂。常乳的饲喂量应根据犊牛体重大小而定，一般为体重的 8%～10%。如果每日分 2 次饲喂，则每一次的喂奶量约为体重的 4%～5%（表 6-1），当饲喂量低于体重的8%时，将会导致犊牛日增重下降。

为保证每头出生的犊牛获得足够的初乳，可以采用冷冻的方法来保存过剩的初乳。这种保存方法不会破坏初乳中的抗体。饲喂时水浴加热，但加热的温度不能超过40℃，否则会使蛋白质变性。冷冻后的初乳可在冰箱中保存12个月左右。

表6-1 犊牛每日饲喂2次的饲喂量*

日 龄	牛奶类型	按照出生体重每次饲喂量(千克/餐)		
		45千克	25千克	35千克
1	初 乳	1～1.25	1.4～1.75	1.8～2.25
2～6	过渡乳	1～1.25	1.4～1.75	1.8～2.25
7日龄至断奶**	发酵奶、全奶或代乳品	1～1.25	1.4～1.75	1.8～2.25
21日龄至断奶**	鲜奶、脱脂奶	1.5～1.9	2.1～2.6	2.7～3.4

*假设出生后4天犊牛开始采食精饲料

**断奶前(5～8周)犊牛应该能够采食占体重1%的精饲料

目前，养牛户常用盆、桶给犊牛喂奶，这样由于犊牛唇、舌等器官用力小、刺激强度小，食管沟反射不强烈，闭合不全，奶会溢于前胃，而此时瘤胃微生物区系尚未建立，会使溢于前胃的奶发酵，引起犊牛消化不良和腹泻；而用奶壶(带橡胶乳头)哺乳犊牛，由于食管沟反射强烈，闭合完全，奶会直接进入皱胃，既提高了奶的利用率，又避免了消化不良和腹泻的发生。因此，最好在犊牛出生15天后再用桶、盆喂奶。

第三，早期补饲草料。犊牛在6日龄左右开始进行人工诱导训练，经过几天的训练，当犊牛有自主采食精饲料的能力时，就可以降低牛奶的饲喂量。此时的重点工作是观察犊牛有无腹泻，并根据粪便的性状、颜色，以及犊牛的精神状态和食欲来决定增加或减少精饲料的饲喂量。

早期补饲的方法是：从出生后1周开始，在犊牛栏的草架上添入优质干草，任其自由咀嚼，练习采食。出生10天后，可训练犊牛采食精饲料。开始时可将精饲料涂抹在犊牛的口角、鼻或在奶桶内放入 10～20 克，任其自由舔食。数日后可增加至 80～100 克。1 月龄时饲喂精饲料 250～300 克，2 月龄时喂 500 克左右。采食精饲料的训练是能否实现犊牛早期断奶的关键，犊牛饲喂时要注意喂量适当。在早期诱食过程中不可急躁，日采食量应逐渐增加，1.5～2 月龄时采食量达到 1.5～2 千克，到 3 月龄时就可自行断奶。犊牛早期断奶有利于提早采食粗饲料，促进瘤胃充分发育，减少犊牛发病率，为成年牛产奶高峰期能采食大量精饲料奠定基础。

犊牛在哺乳期的饲养管理是实现其从单胃消化转化为复胃消化、从以牛奶营养为主向草料营养过渡的一个非常重要的时期。目前，国内外的许多研究认为，犊牛饲料中应含有大量的粗饲料，通过机械性刺激作用，促进瘤胃的发育。但实际上犊牛在断奶前，消化系统尚未发育完全，消化功能相当于单胃动物，不能大量消化粗纤维含量较高的粗饲料，所以饲养效果不够理想。阎晓刚等根据犊牛的消化生理特点，采用新型饲养模式，饲喂颗粒精饲料并禁饲牧草，结果提高了饲料利用率，减少了饲料资源的浪费，降低了犊牛的培育成本，有效地促进了犊牛体况和胃的生长发育。这对于提高成年奶牛的生产性能，获得高产、稳产，提高奶牛业的经济效益都具有长远的意义。

第四，做好饮水和环境的消毒。5～9 日龄犊牛的饮水应本着多次、适量的原则，目的是锻炼犊牛在 10 日龄以后自由饮水，否则不能完成 35～45 天的早期断奶计划。因此，在犊牛出生 1 周后，可以诱导其饮水。最初可先在水中加少量牛奶，以诱其饮水。10 天以内供给 36℃～37℃的温开水，10 天以后供给常温水，但水温一般不能低于 15℃。应给犊牛供应干净、清洁的饮水，及时清洗水槽。犊牛水中毒是在一次性饮用超过体重 10％的水量时才发生，通常是由于饲养员没能掌握好或限制日饮水次数和数量而造成的。

此外，还要做好犊牛圈的清扫、消毒、灭蝇工作，应用敌杀死、生石灰等消毒、灭蝇药物，及时更换垫料，尽可能为犊牛提供干燥、清洁、舒适的生活环境。

第五，合理饲喂犊牛，做到“四定”。定质，喂给犊牛的奶必须是健康牛所产的奶，忌喂劣质或变质的牛奶。定量，按体重的8%～10%确定，哺乳期为2个月时，前7天饲喂5千克，8～20天饲喂6千克，31～40天饲喂5千克，41～50天饲喂4.5千克，51～60天饲喂3.7千克，全期喂奶达到300千克。定时，要固定喂奶时间，严格掌握，不可过早或过晚。定温，指饲喂乳汁的温度，一般夏天掌握在34℃～36℃，冬天要达到36℃～38℃。

第六，新生犊牛结束初乳期以后，应从产房的犊牛隔离室转入犊牛舍。在欧美等国家早在20世纪30～40年代就已经广泛采用犊牛岛来培育犊牛，但直到20世纪80年代我国才开始使用。经过20多年的推广与完善，我国现在大部分地区已采用此法饲养犊牛。

由于牛场的实际情况各不相同，因此所建造的犊牛岛也是千差万别，但都是由箱式牛舍和围栏2部分组成，大致可分为以下3种。

因陋就简型：在农户自家饲养或条件比较简陋的情况下，可以用木板搭建简易的犊牛岛，便于拆卸、组合和移动。箱式犊牛岛是由木板搭建的三面活动箱体与舍顶构成，前面与围栏相通，箱体深2.4米，宽1米，前高1.2米，后高1.1米，围栏长、宽和高分别为1.8米、1米和0.8米。这样的犊牛岛制作简单，经济实用，但是由于其采用木质结构，在饲喂犊牛或犊牛排泄时，都能造成木板的腐烂变质，导致其坚固程度不足，使用寿命缩短。另外，因其保温效果不好，对于风雨的防护作用更是微乎其微，所以此种犊牛岛只适于在夏天或天气比较温暖的南方地区使用。如果条件允许，也可在箱式牛舍顶部加固铁皮以起到防雨作用。

简单耐用型：此种犊牛岛是由顶板、侧板和后板合围而成。顶板为1.3米×1.7米的矩形木板，侧板为2块1.5米×1.6米×1.15米×1.45米的前高后低的直角梯形木板，后板为1.15米×1.2米的矩形木板。每头犊牛大约占面积5.4平方米。基本构架为厚度3厘米左右的木板，外包铁皮，也可用菱镁板代替。箱体前设置一运动场，用直径为1～3厘米的钢筋围成栅栏形状，围栏长、宽和高分别为2米、1.2米和0.9米。围栏前设置饲槽和饮水桶以便犊牛在运动时采食、饮水。另外，在箱体的后板应设有一个排气孔，冬季关闭可保温，夏季开启可通风，或者在后板与顶板之间设升降装置，夏季将顶板升起通风。此种犊牛岛制作比较简单，投资少，且不易受雨水腐蚀，使用寿命较第一种长，可以多次重复使用，也可随季节变换和地区的差异调整方向。但是在一批犊牛出犊牛岛后，必须对犊牛岛进行彻底的冲洗与消毒，晾晒1周后再使用。

豪华舒适型：此种犊牛岛的箱体一般由聚氯乙烯、加气混凝土板、玻璃棉、聚苯乙烯泡沫板和聚氨酯板等材料构成。由于采用了先进的一次成型冲压技术，使整个箱体结构紧密，无接缝，最大限度地增加了其防风保温作用。在箱体的侧面各有一个直径约7厘米的通风口，夏季开启通风换气，冬季关闭保温。箱体深2.45米，宽1.2米，后高1.1米，前高1.2米。边侧板上开有20厘米见方的小门，小门下方悬挂饲料桶与饮水桶各1个，以便添加饲料与饮水。此种犊牛岛三面封闭，一面不封闭，并在不封闭的一面设置门或卷帘，在冬季时封闭，起到很好的保温作用。围栏用直径为2厘米左右的钢筋围成长、宽和高为1.8米、1.2米和1.1米的栅栏。除此之外，箱体材料的选择也有多种，国外广泛采用的是一种典型隔热墙，外侧为波形铝合金板，里侧为防水胶合板，中间充以玻璃棉，总厚度不到12厘米，其保温性能可比普通红砖提高10倍以上，是我国冬季北方地区建造犊牛岛的理想的材料。

犊牛岛的放置地点应选择在与其他成年牛舍有一定有效防疫距离、地势高燥、排水方便、局部面积平整的地方。可以成排摆放或者错开摆放。夏天放在树林前面或树荫下、山坡上，选择围栏前后有温差可以形成对流、有利于降低环境温度的地点。冬季放在背风向阳，背后有防风屏障，有利于减小风力、提高局部环境温度的地点。无论选择随地势坐北朝南一字排开的形式还是选择随季节风向变化而调整放置方向的形式，都要注意排水方向的一致性，以防污水乱流造成污染。

使用“犊牛岛”培育犊牛有以下优点：一是使用犊牛岛培育犊牛，在改善犊牛的生活环境与加强犊牛福利的同时，进一步完善了犊牛的饲养管理制度，新生犊牛在出生1小时内吃完初乳后即转入犊牛岛，实行岛上挂牌，牌上记有出生重、母牛号、犊牛号和出生日期等，使饲养员一目了然，做到心中有数。在饲养过程中，便于监控各犊牛的精神、食欲和粪便等状况，方便喂奶、喂料和饮水，这样不仅有利于犊牛的生长发育，也能减少饲料和牛奶的浪费，节约生产成本。二是降低了犊牛疾病的发生率。犊牛出生后，通常都是饲养在隔离间的牛床上或通道式的牛舍中，与母牛相邻。由于犊牛此时抗病力很弱，非常容易感染腹泻与呼吸系统疾病。若饲养在犊牛岛中，一岛一犊，每头犊牛配有自己专用的经过消毒的料桶、水桶、奶瓶和干净的垫料，且岛内通风良好、无污染，使犊牛发病率大大降低。据报道，应用犊牛岛后，犊牛肠炎、肺炎与其他疾病的发病率会下降2%，并且利用犊牛岛饲喂的犊牛较舍饲犊牛呼吸次数少而深，脉搏缓慢有力。三是犊牛岛内阳光充足，空气新鲜，犊牛有一定的活动空间，便于饲养员根据每头犊牛的具体情况制定饲喂方案，在保持其健康的同时最大限度地提高犊牛的生长速度。有试验显示，犊牛岛饲喂犊牛1月龄体重、6月龄体重和平均日增重分别比普通饲养法提高24.01%、17.42%和24.43%。另外，犊牛岛内垫料柔软清洁，有利于犊牛对草料的熟悉，如在早期摄入少量的草料，对其瘤胃的发育有提高作用。犊牛岛前由围栏组成的运动场，为犊牛提供了充分的运动空间，使犊牛岛内饲养的犊牛肢蹄坚实有力。

第七，犊牛出生4～6周时可剪断副乳头（注意不要损伤或剪错主乳头），以减少乳房炎发病率和便于进行乳房消毒。剪断副乳头时，要注意术前和术后的消毒，防止感染。

第八，犊牛在7～10日龄可以进行除角，最晚不应超过15日龄。除角常采用以下两种方法。

电烙铁去角法:把电烙铁顶端做成杯状,大小与犊牛角的底部一致,通电加热后,烙铁各部分的温度一致。使用时将烙铁顶部放在犊牛角部,烙到犊牛角四周的组织变为古铜色为止。用此法除角不出血,在全年任何季节都可用,但只能用于35日龄以内的犊牛。

气体除角器除角法:助手将犊牛头部固定后,术者先确认两面需要除角部分(凸起的角),用剪毛剪刀剪去周围的毛。然后将气体除角器按在角凸起的部分上,左右稍微拧几下,待周围皮肤变色后,将凸起部分剥掉。最后确认周围皮肤没有出血,用5%碘酊消毒。

第九,犊牛对外界环境适应能力较差,机体免疫功能低下,容易患消化系统和呼吸系统疾病。因此,饲养人员要做好犊牛疾病及异常情况的发现和报告工作,以便及时处理。同时,加强饲养管理,树立"以防为主、防重于治、防治结合"的意识,以提高犊牛的成活率。

定期免疫消毒,防止疫病发生,可根据奶牛场具体情况制定科学的免疫程序。为防制犊牛副伤寒和大肠杆菌病,可在母牛分娩前3～4周分别接种犊牛副伤寒和大肠杆菌疫苗,1月龄以上犊牛可接种Ⅱ号炭疽芽孢苗,2月龄接种牛出血性败血症灭活苗,以预防牛出血性败血症。

腹泻和犊牛呼吸系统疾病是犊牛最常见的疾病,做好这两种疾病的预防工作,有利于保障犊牛健康。一旦发病要及早诊断,及时对症治疗,抗菌消炎,防止继发感染,确保犊牛健康地成长。

犊牛出生后若母牛死亡或患乳房炎,使犊牛无法吃到其母亲的初乳,可用冷冻保存的初乳或者其他产犊时间基本相同的健康母牛的初乳饲喂,如果没有,也可用常乳代替。但必须在每千克常乳中加入维生素A 2 000单位和60毫克土霉素,并在第一次喂奶后灌服50毫升液状石蜡或蓖麻油(也可混于奶中饲喂),以促使胎粪排出,5～7天后停喂维生素A,土霉素减半,直到20日龄为止。

第七章　奶牛围产期的卫生保健

奶牛围产期是奶牛一生中至关重要的一个生理阶段。它不仅承受了整个分娩过程所引起的应激，而且机体本身会出现一系列的生理变化。母牛在这一阶段要经历3个不同的生理阶段：即干奶期、分娩期和泌乳期。在这期间，奶牛的护理及营养供应的好坏，不仅影响母牛的健康及胎儿的生长发育，还会影响产奶量、卵巢功能的恢复和再繁殖，甚至影响经济效益。可见围产期的卫生保健和营养供应是奶牛生产的重中之重。

第一节　临产前母牛的健康检查和产前准备工作

一、健康检查项目

(一)全身检查　在检查母牛的全身状况时，除一般临床检查项目外，还应特别注意母牛的精神状态及能否站立等。如果检查时母牛难于站立，则应区别母牛是卧下休息还是体力耗竭，或者是患有其他疾病如坐骨神经麻痹等。通过这些检查，可以确定母牛的体况如何，能否经受住复杂的手术等。确定全身状况时，应从体温、呼吸、脉搏、精神状态及可视黏膜的变化等几个方面考虑。另外，还要特别注意尾根两旁的荐坐韧带是否松软，向上提尾根时活动程度如何，以便确定骨盆腔及阴门是否充分扩张。同时，还应检查乳房是否胀满，乳头中是否能挤出初乳，从而确定妊娠是否足月。

(二)产科检查　其目的是确定产道和胎儿的状况及有无发生难产的可能。检查方法包括阴道检查和直肠检查。

1. 阴道检查　在进行阴道检查时，应准备充足的热水、肥皂、垫料和塑料手套等，检查前助手将母牛尾巴拉向一侧，先用肥皂水和温水洗净外阴及其周围，术者洗净手臂并涂上消毒润滑液，进行阴道检查。阴道检查包括检查产道和检查胎儿两方面。

检查产道时应注意检查阴道的松软及润滑程度、子宫颈的松软及开张程度，骨盆的大小及软产道有无异常等。在检查产道时，还应注意产道中液体的性状如颜色、气味等。胎儿检查主要是检查胎向、胎位、胎势，胎儿的死活以及胎儿的体格大小等，根据胎儿、产道、母体的全身状况，可以确定采用何种方法助产。

当胎儿前置部分进入产道时，可将手臂伸入产道，确定胎儿的胎向、胎位及胎势是否正常，以便对胎儿的反常做出早期诊断。及早发现、及早矫正不但容易克服难产，而且有望救活胎儿。如果胎儿正常，正生时“三件”(唇和两蹄)俱全，可任胎儿自然产出。检查时间是在胎膜露出至排出胎水这一段时间，除检查胎儿外，还可检查母牛骨盆有无变形，阴门、阴道及子宫颈的松软扩张程度，以判断有无因产道异常而发生难产的可能。

2. 直肠检查 牛的妊娠期一般为 280 天左右。母牛在临产前半个月左右，胎儿将由妊娠胎位转为分娩胎位，在这一转化过程中，当母牛安静站立时，如果进行仔细的观察，可以看到明显的胎动。但是胎势、胎位、胎向的转换是否正常，只有通过直肠检查才能确定。如头前置时，在骨盆腔前缘或骨盆腔内，可触及胎儿的头部；尾部前置时，可触及胎儿的臀部。指头粗的两侧子宫中动脉均有明显的妊娠搏动。为了及时准确掌握产前胎儿的变化，最好每隔 3～5 天检查 1 次，做到心中有数。

(三)实验室检查 主要进行血液常规检查和血液生化检查，可以提供奶牛血液指标，了解钙、磷、镁、钾、蛋白质、血糖是否平衡，提示奶牛产犊过程中的健康状况，以预防奶牛脂肪肝、乳热症、乳房水肿、胎衣不下、子宫脱出、犊牛营养性疾病等。产前血液检查的数据还可以提供奶牛干奶期饲养中存在问题，如钙、盐、蛋白质饲喂是否过量，非蛋白氮、可消化蛋白质是否缺乏等。

二、产前准备工作

一般母牛在分娩前，随着胎儿的发育成熟及临产期的接近，母牛的生殖器官及身体的某些部位，在生理和形态上将发生一系列的变化，以适应胎儿的娩出和犊牛哺乳的需要。如产道松弛、扩张，乳腺发育、乳房增大等。根据这些变化，可以预测分娩时间，饲养人员就可提前做好接产、助产准备。

当母牛开始出现努责时，就必须将其移至分娩区，且要确保每头母牛至少有 13.94 平方米的空间。分娩区也可以是单个分娩栏，其最小尺寸是 3.66 米×3.66 米。如果母牛在分娩区或分娩栏的时间多于 1 小时，就必须提供饮水；如果多于 2 小时，就应该同时提供饮水和饲料。

助产人员可根据母牛的分娩征候，按常规要求，积极做好药物、器械等的准备工作。一旦母牛出现精神不安，时起时卧，食欲减退，时吃时停，站立不安，左顾右盼，频繁排出粪尿时，说明宫缩开始，分娩已进入第一期。

第二节　临产前母牛的卫生保健

奶牛产前的卫生保健关系到奶牛的产后健康，因此在产前一定要加强奶牛的卫生保健，以防止产后疾病的发生。

奶牛的妊娠期平均是 280 天，提前或延后 3～5 天均属正常。分娩前要注意分娩征候(腹面增大、胎动不安、乳房松弛、产道排出胶冻状分泌物等)，为了避免发生意外，保障母子健康，要做好如下工作。

第一，母牛进入预产期，要及时将其转入产房。产房要打扫干净，严格消毒。产房内要清洁、干燥、温暖、阳光充足、通风良好而无贼风。面积宽敞，地面平整，备有垫料，环境安静。

第二，注意母牛食欲、反刍、粪便的变化，是否有产前不食的症状。临产母牛往往有食欲下降的现象，在饲料供给上要相对稳定。不要因其食欲下降而频换饲料，更不能增添精饲料，否则易造成前胃弛缓，影响正常分娩和产后健康。产前母牛饮欲会增加，一定要供给清洁的温水，禁止饮用凉水。当母牛站立时肘肌震颤、肘头外展、排出干燥黑色粪便，可能是创伤性网胃炎的征兆。注意母牛的起卧情况，若母牛起卧表现困难，卧多站少，行走时步态不稳，可考虑是否为产前缺钙的症状。

第三，注意产前乳房有无过度水肿，若有则应分辨水肿为生理性水肿还是病理性水肿，以便决定是否需要控制食盐喂量。

第四，产前应注意观察母牛有无漏乳症状，若有则应区别漏乳是临产征候还是因乳头括约肌松弛所致。

第五，对进入产房的妊娠牛，除加强日常饲养管理外，夜间应有专职接产员定时查看，以防母牛在夜间分娩时无人照管，发生意外情况。

第六，注意乳房护理。产前 3～5 天，每日要用温热的湿毛巾擦洗数次。这样，不仅可以消除乳房水肿，还可以提高产奶量，并且能预防乳房炎的发生。同时，也能增加乳房神经反射，有利于分娩过程的顺利完成。

第三节　产后母牛的护理和卫生保健

产后母牛比较疲劳，身体虚弱，抵抗力低下，需要加强对母牛的护理和卫生保健。

第一，要擦干母牛臀部，清除身体上的血污，撤除潮湿、污秽的垫料，垫上清洁的干草。排出的胎衣及恶露要及时清除。

第二，消毒外阴部、尾部和后躯。因为在分娩过程中易造成产道浅表层损伤，娩出胎儿后几天，子宫颈口开张，子宫内积有大量恶露，为微生物的侵入和繁殖创造了有利条件，易引起产后感染性疾病。因此，必须做好母牛产后的清洗和消毒工作。

第三，产房内要勤打扫、勤换垫料，保持产房干燥、清洁，以利于母牛休息，并防止乳头污染。还要注意保持产房温暖、无贼风，严防产后受风或患乳热症。

第四，母牛产后 10～30 分钟应将母牛赶起，以免流血过多。立即喂给温热足量的麸皮盐钙汤或益母草红糖水，以补充体液，增强机体的抵抗力，促进生殖器官的恢复，可以起到暖腹、充饥、增加腹压作用。同时，喂给优质、柔软的干草 1～2 千克。

第五，奶牛产犊后 4 小时左右，胎衣即可排出。如果超过 12 小时胎衣仍未排出，应及时治疗。胎衣排出后，要注意检查是否完整，如有缺少，应进行剥离取出。

第六，观察母牛努责情况，产后数小时如依然努责强烈，尾根举起，应注意检查子宫内是否还有胎儿及子宫是否有脱出的可能。

第七，观察恶露排出情况，正常恶露最初呈红褐色，以后为淡黄色，最后为无色透明，正常排出时间为 10～12 天。如排出时间延长，颜色变暗、有异味，母牛发生全身反应则说明子宫内有病变，应及时检查治疗。

第八，挤奶前先用温水擦洗乳房，并检查乳房和乳汁有无异常，若乳汁异常则不能饲喂犊牛。

第四节　奶牛乳房的卫生保健

奶牛生产的最终目的是产奶，因此保护好奶牛乳房就至关重要。若奶牛乳房不同程度地感染了乳房炎后，可使奶牛应有的产奶潜力得不到充分发挥。乳房炎的发生与环境、饲养管理、挤奶设备的正确使用与保养、挤奶程序等因素密切相关，不正确的挤奶程序是引起感染的主要因素。在挤奶过程中，奶牛的乳头为释放乳汁而开放，细菌很容易入侵，而隐性乳房炎又没有临床症状，产奶量的逐渐降低也不易被觉察，往往会因此感染其他牛。分娩前 2 周，奶牛乳腺开始增大，乳头分泌物增多，有些甚至滴出初乳，如不进行处理，有可能发生临床性乳房炎。因此，在围产期要做好奶牛乳房的卫生保健和护理工作。

第一，挤奶员必须保持个人卫生，勤剪指甲、勤洗工作服，每挤完一头牛应用 0.1%漂白粉溶液、0.1%新洁尔灭溶液等清洗手臂。

第二，保持安静的挤奶环境。用 40℃～50℃的温水洗净乳房、乳头，并将其由上而下擦干。夏季(7～9 月份)可在水中加入 3%～4%次氯酸钠或 0.1%漂白粉等。应保证 1 头牛用 1 条毛巾或 1 张纸。

第三，乳房洗净后要进行按摩，待膨胀后开始挤奶，挤奶前用 3%～4%次氯酸钠溶液等浸泡乳头 30 秒，并挤出头 2 把奶检查乳汁状况，病牛的奶不能挤在牛床或地面上，应收集于专门的容器内，集中处理。手工挤奶采用拳握式，开始用力宜轻，速度要慢，以后逐渐加快速度，以每分钟挤压 80～120 次为宜，并应尽量缩短挤奶时间。机器挤奶时，应注意正确使用挤奶器，并观察挤奶器工作是否正常，机器运转不正常会导致挤乳不完全或损害乳房。真空压力应控制在 46.66～50.66 千帕(350～380 毫米汞柱)，搏动器控制在每分钟 60～80 次，要防止空挤。

第四，无论机器挤奶或手工挤奶，必须每次挤净。挤奶完毕后 15 分钟，用 3%～4%次氯酸钠溶液、0.5%～1%碘伏溶液等消毒液浸泡乳头进行乳头药浴。

第五，挤奶用具使用前后必须彻底清洗。洗涤时先用冷水洗涤，后用温水冲洗，再用 0.5%热碱水冲洗或刷洗，最后再用清水冲洗；橡胶制品洗后用消毒液浸泡。

第六，挤奶器内鞘每周消毒 1 次。用 0.25%苛性钠溶液煮沸 15 分钟，并继续浸泡 1 夜，干燥后备用。挤奶杯用 85℃以上的热水浸泡。如内鞘不能煮沸，可用 5%苛性钠溶液浸泡后，干燥备用。定期对挤奶设备进行维修与保养，使其保持正常的工作状态。

第七，挤奶时先挤健康牛，后挤乳房炎病牛。分娩 10 天以内的母牛和乳房炎病牛要用手工挤奶，不能用机器挤奶。

第八，泌乳牛要定期（每月1次）进行隐性乳房炎检测，需要干奶的牛，在停奶前10天进行隐性乳房炎检测。对阳性反应在“++”以上牛只及时治疗，干奶前3天再监测1次，阴性反应牛才可停奶。

第九，干奶时，应采用效果可靠的干奶药物进行药物快速干奶。干奶后继续药浴乳头1周，并于预产前1周恢复药浴，每日2次。

第十，临床型乳房炎病牛应从牛群中隔离，单独饲养，奶桶、毛巾专用，用后消毒，牛奶要消毒后废弃。病牛要及时进行治疗，治愈后再放回健康牛群。对久治不愈、顽固性的临床型乳房炎病牛，应及时淘汰。

另外，还要保持环境卫生，牛舍和运动场要及时清扫和消毒，粪便每日清除，保持清洁、干燥。加强对挤奶人员的技术培训，并应保持相对稳定，不应轻易更换。

第五节　母牛的产后监控

一、母牛产后监控的意义

母牛的产后监控是从分娩开始，至产后60天之内，通过观察、检测（查）、检验等方法，对产奶牛实施以雌性生殖器官为重点的监控。母牛产后监控是奶牛饲养管理中的重要环节，开展产后监控，能提早发现和适时治疗母牛产后的生殖系统疾病；能够早期掌握母牛卵巢功能变化，尽早消除卵巢功能障碍；可根据产后子宫复旧进程，确定治疗和繁殖计划；若结合必要的检测方法，可为一些无临床症状且危害较大的疾病如隐性乳房炎、隐性酮病和隐性子宫炎等疾病提供早期诊断；通过对产后体重（体膘）的监控，能为控制膘情，改善饲养管理，缩短“失重期”，提高产奶量等提供重要参考；

通过对有关血液、尿液、乳汁等相关生物指标的测定分析，有利于奶牛的繁殖和保健。

二、母牛产后监控的主要内容

母牛的产后监控的内容主要包括对产奶量、全身状况、生殖系统、体温以及对营养代谢性疾病的监控。

（一）产奶量 所有正常的产后期奶牛，其产奶量都会逐日增加，通过计算机可以了解所有母牛当前产奶量增加或减少的变化。当一头牛的产奶量下降4.356千克时，一般要进行分析，及早找出原因，加以纠正。

（二）全身状况 随着饲养人员经验的积累，即使奶牛体态方面出现微小变化也可以及时观察到，并借此对奶牛体况进行客观评价。眼窝内眼球的位置和表情可反映出牛体的脱水和痛苦程度，可用评分标准予以判断：1级，眼球位置正常而明亮；2级（轻度变化），眼球迟钝而稍微下陷；3级（中度变化），眼球呆滞而中度下陷；4级（重度变化），眼球干燥而严重下陷。

耳的位置也是判断奶牛体态的指征，健康牛耳竖立，超过其与头部连接处的平面，而痛苦、沉郁、发热的病牛一般耳下垂。健康牛的表情活跃、机灵而警觉。

（三）体温 大多数与感染相关的围产期疾病在产后的前2周发生，此时测量体温很有必要。牛的正常体温为38.6℃～39.4℃，健康牛一般维持在较窄的变动范围内。有人发现产后10天所测569头健康牛的平均体温均为38.9℃以下，认为此数值为正常奶牛的体温。

Kristula等(2001)对342例奶牛的体温进行测量后得出结论，这些牛于产后2～8天，平均体温高于38.9℃；在第三天，子宫炎病牛的平均体温超过了难产牛的体温，在第四天平均体温也超过了乳房炎病牛的体温；异常牛的最高体温平均为39.8℃（如子宫炎病牛的最高体温平均达40.1℃，而乳房炎病牛则可达

39.9℃）。所以，把体温达到或高于39.4℃作为鉴别围产期奶牛是否患有与感染相关疾病（难产、胎衣不下、子宫炎、乳房炎）的指标，并建议测量体温应在产后7天进行。当奶牛的平均体温为39.7℃，而且持续2天，或体温高于39.7℃时，应采用抗生素进行全身治疗，但治疗时必须遵守用药规则。

（四）生殖系统监控 对产后奶牛进行生殖系统监控，是防治奶牛卵巢疾病、生殖道疾病、产科疾病的一项重要措施。因此，对产奶牛生殖系统的监控要以生殖器官为重点。

1. 生殖系统监控的方法 奶牛产后生殖功能监控的方法主要有观察法、测定体温和直肠检查法，观察法和直肠检查法是奶牛产后生殖功能监控的最直接有效的方法。通过测定体温可以了解奶牛产后有无生殖系统感染。

（1）观察法 奶牛产后0～20天，生殖系统损伤较大，恶露是衡量奶牛产后生殖系统恢复情况的重要指标，通过观察恶露的变化，大致就能判断子宫自净的程度。奶牛产后正常恶露的类型、颜色和数量见表7-1。

表7-1 奶牛产后正常的恶露变化

产后天数	恶露类型	颜　色	排出量/日
0～3天	黏稠带血	清洁透明夹杂鲜红色	≥1000毫升
3～10天	稀、黏带胎衣碎片或稠带血凝块	红褐色	500毫升
10～12天	稀、黏、带血	清洁透明、红色或暗红色	100毫升
12～15天	黏稠、呈线状	清洁透明、淡红色或橙色	50毫升
15～20天	稠	清洁透明	≤10毫升

凡与上述恶露类型、颜色、数量不同或气味恶臭的均可判定发生了子宫炎症，应及早治疗。

（2）直肠检查法 产后14天做第一次检查，正常时子宫复旧较好，质地比较硬实，可以摸到角间沟，触诊子宫可引起收缩反应；卵巢上往往有退化的妊娠黄体，黄体小，且比较坚实，略微突出于卵巢表面，有的可能有卵泡。异常时触诊子宫收缩微弱，子宫壁厚，子宫体及子宫腔粗大，有液体波动感，弹性差；卵巢体积较正常的小，无卵泡生长。

产后 40 天左右做第二次检查，即配种前检查。正常时子宫颈已变得坚实，粗细均匀，直径 3.5～4 厘米，大多数牛子宫已回复到骨盆腔，收缩力强，子宫壁均匀，按摩子宫有时可见到透明分泌物；卵巢上有正在发育的卵泡和退化的黄体（不能确定的可 7～10 天复查 1 次）。异常时子宫颈外口开张，有的宫颈有肌瘤，排出异常分泌物，子宫复旧不全，收缩无力，子宫角粗大；卵巢上无卵泡或黄体，甚至卵巢体积变小。

产后 60 天做第三次检查，正常时奶牛发情明显，黏液清亮，可以开始配种。异常时卵巢体积缩小，其上既无卵泡，又无黄体（卵巢静止或萎缩）；子宫积脓（积水），卵巢上有持久黄体；卵巢囊肿，导致母牛产后不发情或发情不规律。

2. 生殖系统监控的检查要点 产后 3 小时内产道有无损伤、出血，发现损伤、出血要及时进行处理。产后 6 小时内注意观察母牛努责情况，预防子宫脱出和乳热症等。若母牛努责强烈，要检查是否还有胎儿未产出，并注意是否有子宫脱出的征兆。产后 12 小时要注意观察胎衣排出的时间和胎衣是否完整。产后 24 小时内注意观察母牛恶露排出的数量，还要注意产房和牛体卫生，加速母牛体质恢复（除饮适量温麸皮盐钙汤外，还应依据母牛情况适量注射钙剂、葡萄糖和缩宫药物如益母膏、缩宫素等）。

产后 1～7 天，为恶露大量排出期，注意其颜色、气味、内含物等的变化，发现恶露不净或腐败时要及时治疗。此期亦应注意观察母牛的精神和食欲，在早、晚检测体温 2 次，以便确定有无发生产后感染。

产后 14 天，大多数经产母牛的 2 个子宫角已大为缩小，初产牛的子宫角已退回骨盆腔内，复旧正常的子宫质地较硬，可以摸到角间沟。触诊子宫可引起收缩反应，从子宫中排出的液体颜色及数量已接近正常。如果子宫壁厚，子宫腔内积有大量的液体或排出的恶露颜色及性状异常，特别是带有臭味，则是子宫感染的表现，要及时进行对症治疗。

产后 14 天以前检查时，往往可以发现退化的妊娠黄体，卵巢上常可发现有 1～3 个直径为 1～2.5 厘米的卵泡，因为正常母牛到产后 15 天时虽然大多数不表现发情症状，但已出现产后第一次排卵。如果这时发现卵巢体积较小，卵巢上无卵泡生长，则表明卵巢静止，这种现象不是由疾病引起就是由营养不良引起。在母牛卧地时（也可用开膣器）要注意检查恶露变化，必要时还可做子宫分泌物的微生物培养鉴定。

产后 15～30 天，通过直肠检查子宫复旧进程、卵巢形态，详细描述（可用示意图）卵巢的形状、体积、卵泡或黄体的位置和大小等，有条件时可进行乳汁孕酮分析。此期间应对母牛进行体重监测。

在此期间应进行配种前的检查，用开膣器观察阴道的黏膜、生殖器官有无感染，通过直肠检查卵巢、黄体的发育情况。产后 30 天，大多数经产牛的生殖器官已全部回到骨盆腔内。在正常情况下，子宫颈已变得坚实，粗细均匀，直径在 3.5～4 厘米。如子宫颈外口开张，从中排出异常分泌物则为炎症的表现，要进一步确诊治疗。

产后 30 天，母牛子宫角的直径在不同个体间有很大差别，但不同年龄、个体的母牛在直肠检查时，正常情况下都感觉不出子宫角的腔体，如果摸到子宫角的腔体则是子宫复旧不全的表现，还有可能存在子宫内膜炎，可进一步做阴道检查以便确诊。

产后 30 天，许多母牛的卵巢上都有数目不等的正在发育的卵泡和退化黄体，这些黄体是产后发情排卵形成的。在产后的早期，母牛安静发情是极为常见的。因此，在产后一段时间内未见到发情，只要卵巢上有卵泡和黄体，就证明卵巢的功能活动正常。

产后 40～50 天主要对母牛进行产科检查。生殖系统基本正常的母牛，转入“新产待配”之列，并注意观察产后发情。对产后未见到发情或发情周期不规律者，应当再次进行检查。重点检查子宫复旧、卵巢状态、宫颈和阴道等。对于患有生殖系统疾病的牛只，要复查治疗效果，调整治疗方案，力争在此期间治愈。

分娩60天以后，对配种3次以上仍不妊娠、发情周期和生殖器官又无异常的母牛，要在输精或发情的第二天进行认真细致的检查，注意区别是不能受精，还是受精后发生了早期胚胎死亡，力求能辨清具体情况。

在产后应建立完善的产后监控记录体系，要求逐头、逐项建立产后监控记录，随时了解掌握全群适繁母牛的繁殖动态和监控进程，将产后监控与饲养、兽医、繁殖管理相结合。

(五)营养代谢性疾病的监控 营养代谢性疾病是奶牛特别是高产奶牛长期摄入某种营养物质不足或过量，导致机体代谢失调甚至紊乱而导致的一类疾病。因此，对营养代谢性疾病的防治要早期监测，及早预防。

1. 营养代谢性疾病的监控方法

(1)建立产前和产后酮体检测制度 产前和产后母牛的健康，是泌乳期的一个关键阶段，故应加强检查。在产前1周和产后1月内，隔日检测尿液pH(可用试纸法，正常尿液pH为7，当试纸变黄时，即为酸性)、尿酮体或乳酮体1次，凡测定尿液呈酸性，尿液(乳汁)酮体呈阳性者，可静脉注射葡萄糖注射液和碳酸氢钠注射液。另外，产前、产后母牛食欲不佳、体弱者，可静脉注射10%葡萄糖酸钙注射液，以增强体质。在产奶高峰期精饲料喂量多时，应适当补充瘤胃缓冲剂，如碳酸氢钠、氧化镁、醋酸钠等，防止酸中毒。

(2)定期进行血样抽查 定期监测血液成分，可预报牛群代谢性疾病的发生情况。通过血检发现某一成分下降至正常水平以下时，则可认为应该增加某一物质的摄入量，以代偿过量输出所造成的负平衡；而当发现某一成分过高，即超常时，则与某一物质摄入量过多有关。所以，每年应定期对干奶牛、低产牛、高产牛进行2～4次血检，及时了解血液中各种成分的含量和变化。所要检查的项目主要包括血糖、血钙、血磷、血钾、血钠、碱贮、血酮体、谷草转氨酶、血脂等。根据所测结果，与正常值比较，找出差异，为早期预防提供依据，使疾病由被动治疗转为主动预防。

(3)*血钙值测定* 测定血钙值有助于判断亚临床或临床低血钙症。因受许多因素(品种、年龄、健康状况及日粮等)的影响，不同牛在临诊反应与血钙水平之间存在差异。奶牛的正常血钙范围为8.8～10.4毫克/分升，当血钙浓度水平低于6毫克/分升时，一般可做出临床低钙血症的诊断。如果血钙测定范围为6.2～7.5毫克/分升，可判定为亚临床低钙血症。

亚临床低钙血症最主要的表现形式为肌肉收缩能力下降，国外的研究表明，与正常的血浆钙浓度相比，当血浆钙浓度为7.5毫克/分升时，皱胃蠕动能力和收缩能力分别下降30%和25%，而当血浆钙浓度为5毫克/分升时，皱胃蠕动能力和收缩能力分别下降70%和50%。

(4)*瘤胃穿刺* 当奶牛从干奶期向泌乳期过渡时受到多样化日粮的制约，随着日粮的配合和消耗而使瘤胃内pH发生波动，亚临床瘤胃酸中毒便成了围产期奶牛中的一个严重问题。根据继发性体征来诊断亚临床瘤胃酸中毒比较困难，因此通过瘤胃穿刺测定瘤胃液pH是目前诊断亚临床瘤胃酸中毒的常用方法。穿刺时间应在饲喂后2～8小时，如在10头牛中至少有3头的牛穿刺采样测定pH高于或等于5.5，即可以做出瘤胃酸中毒的诊断。临界酸中毒时瘤胃pH为5.6～5.8，考虑到采样时的有创性和其他因素对瘤胃液pH的影响，还要对结果进行具体分析。

2. 酮病的监测 酮病是围产期奶牛的一种并发病。当奶牛发生能量负平衡时容易形成酮体。酮体水平升高可以给外周组织提供能量，但酮体水平升高超过了一定基线，就会出现亚临床和临床酮病。亚临床酮病对母牛的生殖功能有不良影响，可增加子宫炎、乳房炎和皱胃移位的危险。此外，还可使母牛从产犊到第一次排卵或产犊到第一次配种的时间延长，发生卵巢囊肿。为了确诊酮病，应注意尿液、乳汁、血浆的酮体测定。酮病监测的方法很多，主要有 Rothera 法、ROSS 法、列氏法、酮粉法和试纸法等。

(1)Rothera 法

试剂的配制：硫酸铵 100 克、无水碳酸钠 50 克、亚硝基铁氰化钠 3 克，研细、混匀备用。

操作方法：取试剂少许放于载玻片上，加乳汁 2～3 滴，出现红色者为阳性。

(2)ROSS 法

试剂的配制：硫酸铵 100 克、亚硝基铁氰化钠 1 克，配制成 A 试剂，28 %浓氨水为 B 试剂。

操作方法：取被检乳品 5 毫升，加 A 试剂 1 克，振荡溶解，沿试管壁加 B 试剂 1 毫升，叠积其上，静置，若在两液面交界处出现淡红色环轮即为阳性。

(3)列 氏 法

试剂的配制：硫酸铵 20 份、无水碳酸钠 20 份、亚硝基铁氰化钠 1 份，研细、混匀。

操作方法：取试剂少许，放于载玻片上，加待检乳汁 2～3 滴，在 30～60 秒内出现红色者为阳性。

(4)酮 粉 法

试剂的配制：硫酸铵 20 份、无水碳酸钠 20 份、亚硝基铁氰化钠 1 份。

操作方法：取约 0.2 克试剂，放在滤纸上，均匀撒成半径为 0.5 厘米的圆面，在其上加 1～2 滴乳汁，30～60 秒出现红色即可判为阳性。

酮病的监测程序为：①临产牛在产前 1 周测定尿酮，每隔 2 天测定 1 次，共测 3 次；②奶牛产后 1 天、5 天、10 天、15 天、25 天分别采取乳样(取时先弃去 2 滴)检测。测定尿液中酮体常采用 Rothera 试剂或 ROSS 试剂之间发生化学变化的变色反应(阳性反应呈红紫色),这项检验高度敏感(接近 100%检出率),对筛选和鉴定潜在酮病的奶牛很有价值,但出现假阳性的概率也较高,应加以考虑。乳汁酮体检验具有高特异性(>90%),但敏感性低(<40%),检测时应注意到这一点。

第六节 奶牛产后子宫复旧与配孕之间的关系

评价母牛繁殖效率的重要内容之一,就是产犊间隔。在现代大型奶牛场的科学管理体系中,整个牛群的产犊间隔以"天"为计算单位,产犊间隔的延长,意味着饲养成本上升,利润降低。许多因素可以影响产犊间隔,其中最为直接的就是子宫复旧、产后发情配种与妊娠的时间。母牛产后的恢复,从产科学和繁殖学角度讲就是指其生殖功能的恢复,包括子宫复旧和卵巢功能恢复正常。母牛产后子宫复旧一直以来就是产科学里面一个重要的研究范畴,子宫复旧的好坏直接影响奶牛的产后发情、配种和妊娠。有些人对母牛子宫复旧不全的认识不足,甚至不认为其是一种疾患,这是一种误解,这个问题在生产上应引起足够重视,以获得较为满意的繁殖效率。

一、影响奶牛产后子宫复旧的因素

奶牛的子宫复旧是指奶牛产后子宫恢复到未孕时的形态和功能的生理过程。严格说来,子宫并不会完全恢复到原来的大小和形状。所以,在实践中经产牛的子宫比育成牛的要大,而且松弛下垂。一般认为,奶牛子宫复旧时间为 25~45 天,其复旧过程受以下诸多因素的影响。

(一)产奶量 产奶量高的奶牛子宫复旧速度较产奶量低的慢。

(二)年龄和胎次 年龄越大、胎次越多的奶牛子宫复旧速度越慢，头胎奶牛子宫复旧时间可缩短 5～6 天。分娩每增加 1 次，子宫体积都会增大一些。

（三）产后卵巢的活动状况 产后卵巢如能迅速出现卵泡活动，即使不排卵，也会大大提高子宫的紧张度。相反，如果卵巢处于静止状态，无卵泡发育，尤其是发生持久黄体时，会使子宫长久弛缓，导致不孕。

（四）分娩或产后状况 以下几种情况都会使子宫复旧不全：难产；奶牛分娩时经人工助产，特别是助产人员的手伸入产道内助产；剖宫产；发生胎衣不下或造成感染；产后体内持续代谢失调，发生酮病、乳热症等。

（五）分娩季节与气候 气候炎热或寒冷都不利于子宫复旧。

二、奶牛子宫复旧与发情配种的关系

产后发情配种的时间是决定产犊间隔的关键因素之一，产后第一次发情时间差别很大，多在 35～50 天。但是，有相当一部分奶牛在此之前出现安静发情，安静发情多见于产后 25～30 天。从子宫复旧的时间来看，配种时间不宜过早，应在子宫复旧以后进行。一般认为在产后 50 天发情进行配种是比较适宜的。产后恢复期每减少 20 天，就可缩短产犊间隔 15 天。但据相关研究表明，提前配种并未发生死胎、流产、子宫炎、胎衣不下和弱犊增加的情况。国内资料表明，奶牛产犊期间隔大部分在 400 天左右，而国外则为 370 天左右。据英国资料报道，一头母牛产犊间隔超过 380 天，每超过 1 天将损失 13 升牛奶。对母牛繁殖力而言，产犊间隔为 12 个月的母牛平均终身胎次可达 4.9 胎，而产犊间隔为 15 个月的母牛平均终身胎次约为 3.8 胎。

三、奶牛子宫复旧与妊娠的关系

产后子宫复旧的时间与妊娠率关系密切。子宫的功能状态跟卵巢的活动是相互影响的，若子宫复旧不全或患子宫内膜炎时，卵巢会发生功能不全，特别是黄体功能不全，如持久黄体等。在这种情况下，即使发情、排卵或受精，胚泡也不能附植，可导致胚胎早期死亡。所以，在产后过早（30 天以内）配种，受胎率很低；相反，产后过迟（100 天以上）配种，受胎率也很低。这是因为，过早配种子宫生理功能恢复不全，即复旧时间不充分；而过迟配种，往往是病理性复旧不全，即由于其他疾病的原因导致子宫弛缓或子宫炎。

四、促进奶牛产后生殖功能恢复的措施

（一）加强饲养管理，增强奶牛体质，减少产科疾病的发生 加强饲养管理应从干奶牛抓起，干奶牛应集中饲养管理，合理地分配营养，控制干奶牛体膘。干奶牛体膘差，易发生早产、难产、乳热症、子宫复旧能力低；过肥也会使难产和胎衣不下的发病率增加。干奶体况应维持在 3.5 分水平，并增加干奶牛的运动，在干奶期间注射维生素 AD 和亚硒酸钠-维生素 E 注射液，可以预防乳热症和降低胎衣不下的发病率。

（二）预防子宫内膜炎 加强产房的消毒工作，实施自然分娩，减少产道损伤和污染子宫的机会。体内助产必须经过严格消毒，特别强调助产者手臂、母牛后躯以及阴部、助产器具的清洁与消毒。

（三）应用生殖激素调节卵巢活动，促进子宫净化 母牛产后子宫的自净与复原，除与年龄、胎次、饲养、分娩状况有关外，还与产后卵巢功能活动密切相关。奶牛分娩后，立即处于泌乳高峰，出现能量负平衡，内分泌失调，卵巢大多处于静止状态，无卵泡发育，产后第一次发情大大延迟，子宫处于弛缓状态，自净及康复能力差。产后卵巢若能迅速出现卵泡活动，即使不排卵，也会大大提高子宫的紧张度，加快恶露或炎性产物排出。在实践中，我们一般可在奶牛产后 1～3 天连续肌内注射缩宫素 2～3 次，7～12 天肌内注射氯前列烯醇 1 次，用外源性激素刺激卵巢活动，促进生殖功能恢复。

第八章　奶牛围产期常见疾病的防治与营养调控措施

围产期是奶牛生产和泌乳最重要的时期，此期无论是内分泌还是代谢方面都在发生着剧烈的变化。实践证明，围产期母牛比泌乳中、后期母牛发病率均高。经美国密执安大学对100个大型牧场调查的结果表明，奶牛围产期疾病的发病率高达43%，成年母牛死亡有70%～80%发生在这一时期。围产期疾病即分娩前后发生的疾病，大多与饲养管理有关，主要有胎衣不下、瘤胃酸中毒、酮病、乳热症、皱胃变位等。因此，加强奶牛围产期的饲养管理和疾病防治，可以减少奶牛场的经济损失。下面主要介绍围产期常见疾病的防治与营养调控措施。

瘤胃酸中毒

奶牛瘤胃酸中毒又称酸性消化不良、乳酸中毒、急性食滞，是指奶牛采食了过量的极易发酵的碳水化合物饲料（如小麦、马铃薯、糖蜜等）而引发的一种代谢性疾病，临床上以消化功能紊乱、瘫痪和休克为特征。本病一年四季均可发生，但以冬春季发病较多；高产奶牛及产犊前后（主要是临产前3天和泌乳第一个月）的母牛发病率较高；1～3胎的奶牛发病最多，5胎后发病较少。

【病　因】常见原因是突然采食大量碳水化合物饲料，如牛闯入饲料间偷食精饲料，也可能是因为过食甜菜或发酵不全的酸湿酒糟或嫩玉米造成。也有可能为提高产奶量，过多饲喂谷类饲料及其加工副产品如生面粉、糖渣、酒糟等而发生。添料不均，偏饲高产牛；青绿饲料喂量过大，粗饲料（干草）品质低劣，采食不足也可导致本病发生。此外，临产牛、高产牛抵抗力低，寒冷、气候骤变、分娩等应激因素都可促使本病的发生。

【临床症状】 本病发病急，病程短，常无明显前驱症状，多于采食后 3～5 小时死亡。慢性者卧地不起，于分娩后 3～5 小时瘫痪卧地，头、颈、躯干平卧于地，四肢僵硬，角弓反张，呻吟，磨牙，兴奋，甩头，而后精神极度沉郁，眼睑闭合，呈昏迷状态。

【诊　断】 根据病史、临床症状、血液二氧化碳结合力降低、尿液 pH 降低即可做出诊断，但应与乳热症相区别。

【预防和营养调控措施】 加强干奶牛的饲养，干奶期奶牛的营养水平不应过高，严禁增料催膘、催奶和偏饲，每日应保证供给 3～4 千克干草；为防止干奶牛抢食过多精饲料，可采用干奶期集中饲养法；在精饲料饲喂量高的牛场，应在日粮中增加 2%碳酸氢钠、0.8%氧化镁或 2%碳酸钠（按混合饲料量计）。另外，瘤胃酸中毒时常伴有轻度的低钙血症，饲料中适量添加 0.5%～1%碳酸氢钙，不仅能有效中和部分瘤胃发酵产生的有机酸，防止酸中毒的发生，而且能适当补充钙质；牛只每日运动 1～2 小时。在配合日粮时，选择发酵速度适宜的饲料，并将发酵速度不同的多种饲料配合使用，严格控制其饲喂量。Brizzi 研究表明，采用低淀粉日粮（淀粉含量低于 14%）来控制易发酵碳水化合物的摄入量不仅可提高产奶量和乳脂、乳蛋白含量，对于预防瘤胃酸中毒也有积极作用。要控制日粮中食盐的浓度，饲料中适当添加一些矿物质如钙、磷、钾、钠以及微量元素添加剂，对瘤胃酸中毒的预防有一定的作用。日粮添加离子载体类抗生素（如莫能菌素和泰乐菌素）、有机酸（苹果酸、富马酸）调控瘤胃微生物区系均可有效地抑制瘤胃酸中毒的发生。

【治　疗】 治疗原则是补液、补糖、补碱，增加血容量，促进血液循环，防止或缓解酸中毒。可用 5%葡萄糖氯化钠注射液 3 000～5 000 毫升，5%碳酸氢钠注射液 500～1 000 毫升，20%安钠咖注射液 10 毫升，一次静脉注射，12 小时后再注射 1 次，当尿液 pH 在 6.6 时，即停止注射；当病牛兴奋不安或甩头时，可用山梨醇或甘露醇300～500毫升，一次静脉注射，以降低颅内压，解除休克；庆大霉素100万单位，一次肌内注射，每日2次；四环素250万单位，一次静脉注射，以防止继发感染；还可用洗胃疗法，向瘤胃中灌入常水后，再将其导出，对呼吸困难有窒息先兆者，应静脉注射3%过氧化氢溶液200毫升和25%葡萄糖注射液2000毫升，注射后继续洗胃；瘤胃切开术适用于病情轻、尚能站立病牛，切开瘤胃，取出内容物，以降低其酸度。

皱胃移位

皱胃移位指奶牛皱胃的正常解剖学位置改变，引起消化功能障碍，导致营养不良的一种疾病。主要特征为排出黑色腥臭粪便，逐渐消瘦，产奶量直线下降等，且多伴发酮病。按其变位的方向可分为左方移位和右方移位，左方移位较多常见，占皱胃移位的85%以上。发病高峰在分娩后6周内，也可散发于泌乳期或妊娠期，成年高产奶牛的发病率较高。断奶前常发生右方移位。

【病　因】 本病的发生与饲喂精饲料过多和分娩有密切的关系，高精饲料日粮在奶牛瘤胃中产生的大量挥发性脂肪酸、不饱和脂肪酸和气体均可明显地抑制皱胃运动，导致皱胃蠕动减弱，促进移位的发生。由于妊娠和分娩，奶牛生理解剖特点发生巨大变化，如妊娠后期，子宫逐渐膨大，膨大的子宫必将瘤胃上抬，皱胃逐渐向前、向左侧推移到瘤胃左方，分娩后瘤胃由于重力下沉，使皱胃被压在左侧，形成左方移位。

此外，一些营养代谢性疾病或感染性疾病，如酮病、低钙血症、乳热症、妊娠毒血症、子宫炎、乳房炎、胎衣不下和消化不良等，也会引起胃肠弛缓，继发本病。

【临床症状】 高产牛易发。病牛食欲减退，有的拒食精饲料，尚能采食少量的青贮饲料和干草，产奶量下降1/3～1/2。精神沉郁，体温、呼吸、脉搏正常，瘤胃蠕动音减弱或消失，轻度脱水，粪便少而呈糊状，因瘤胃被挤于内侧，故在左腹壁出现扁平状隆起。在左侧肩关节和膝关节的连线与第十一肋间交点处听诊，能听到与瘤胃蠕动时间不一致的钢管音。由于消化紊乱，病牛呈渐进性消瘦，衰竭无力，喜卧而不愿走动，后期卧地不起。直肠检查，可发现瘤胃背囊明显右移，左肾出现中度移位。

【诊　断】 根据病史和临床症状，如发病在分娩后不久，左侧腹下听诊皱胃有钢管音；外观左腹壁呈扁平状隆起，右肷窝下陷；皱胃液呈黄褐色、pH 2～4 等综合判断，即可确诊。应与迷走神经性消化不良、创伤性网胃炎、酮病相区别。

【预防和营养调控措施】 合理配合日粮，饲喂全混日粮，协调精、粗饲料比例和酸、碱比例，特别是对高产奶牛按其产奶量增加精饲料时，一定要补充优质干草。增加运动，以增强机体的体质，防止母牛肥胖。保持产前有充分的纤维摄入。要给干奶牛饲喂大容积的日粮，使瘤胃在产前保持最大的充盈，在干物质基础上日粮中粗饲料的比例至少占 25%，而精饲料每日应供应 3～4 次，从而在身体上限制腹腔内皱胃的移动，且有利于促进产犊后奶牛的干物质采食量，预防皱胃移位的发生。对产后母牛，要控制临床、亚临床低血钙症，避免出现低血钙，加强监护，精饲料应逐渐增加，不能为催乳而过度加料，保证干草供给以利于消化功能尽快复原。泌乳早期为减少亚临床低钙血症，在奶牛产犊时口服氯化钙，或在日粮中添加 300 毫升的丙酸钙，可显著降低皱胃变位的发生率。添加微量元素，保证电解质平衡，钾含量过高和镁缺乏都能引起低血钙症，血浆中镁水平过低能干扰机体调节血钙浓度的能力。同时，为了更好地控制血钙水平，在泌乳第二周的日粮中增加阴离子(氯离子或硫酸根离子)也是必须的，因而在日粮中添加 200 克硫酸镁和氧化镁的混合物来保证足够的镁。此外，在日粮中添加电解质(100～150 克氯化钾)有助于弥补母牛产犊后的体液损失；添加抗氧化剂如维生素 C 或维生素 E 和硒能降低皱胃复位过程的损伤。奶牛从干奶期到泌乳期应逐渐转换日粮，同时增加精饲料时要补足优质干草，对消化功能降低的病牛应及时治疗，尽快使之康复。

【治　疗】 对病牛应尽早矫正，尽快使变位的皱胃复位。治疗方法有非手术疗法和手术疗法。

1. 非手术疗法（翻滚法） 左方移位，将牛四蹄捆住，腹部朝天，猛向右滚再突然停止，以使皱胃自行复原。也可使病牛右侧横卧，滚转成背卧式，以牛背为轴心，向左、向右呈90°角反复摇晃3分钟，突然停止晃动，使牛呈左侧横卧姿势，最后使牛站立。翻滚前2天禁食、少饮水，使瘤胃体积缩小。本法优点是方便、简单、快速，缺点是疗效不确实、易复发。

2. 手术疗法 切开腹壁，整复移位的皱胃。手术方法有站立式两侧腹壁切开法和侧卧保定腹中旁线手术切开法。手术疗法适用于病后任何时期，由于将皱胃固定，从而疗效确定。

乳房水肿

乳房水肿是奶牛围产期的一种代谢性疾病，其特征是乳腺细胞间质组织出现液体过量积累。本病通常发生于奶牛产前或产后的2天，初产牛、高产牛和老龄牛多发，发病率在10%左右。

【病　因】 大多数是由于妊娠后期子宫大量血液和淋巴液急剧流入乳房，或初期乳静脉血压上升，静脉及淋巴系统不能做出相应的调节，导致乳房血液循环不畅，从血管内渗出的液体成分大量蓄积于皮下，发生乳房水肿。另外，奶牛饲料单一，配比不合理，精饲料饲喂比例过大，饲料中钠盐、钾盐的含量过高，也可诱发奶牛乳房水肿。

【临床症状】 一般无全身症状，大多发生于高产牛，从分娩前1个月到接近分娩期间突然出现乳房水肿，随着病情发展继发起立困难，有时伴有乳房炎。乳头基部和乳池周围水肿，甚至波及乳房全部，皮肤紧张带有光泽、无痛，按压乳房出现凹陷，乳头变得粗而短。发生乳房中隔水肿的，多数病牛从分娩前就表现食欲不振，到分娩后7天左右，乳房肿胀、下垂，浆液积于中隔时，致使母牛后肢张开站立，运动困难，易继发乳房炎。乳房水肿病程长时，水肿部由于结缔组织增生而变得硬实，整个乳房肿大、硬结，产奶量显著降低。

【预防和营养调控措施】 产前奶牛饲料中精、粗饲料的比例要合理，尤其是精饲料不宜过多，否则会增加乳房水肿的发病率和严重程度。有研究表明，产前 30 天给奶牛饲喂由玉米青贮、苜蓿青贮（两者占日粮干物质的 88%）和 12%高水分玉米组成的日粮，或者由 53.5%青贮饲料和 46.5%高水分玉米组成的日粮，其乳房水肿和乳房炎的发病率比产前 30 天只饲喂干草的奶牛都高。在奶牛临产前严格控制精饲料的饲喂量，一般为每日每头 2～4 千克，也不应为了增加食欲而添加过多食盐。产后 3～4 天开始，如奶牛食欲正常、健康且无水肿发生，可根据其产奶量逐渐增加精饲料与多汁饲料的喂量，精饲料每日每头 4 千克，并在此基础上以每日每头 0.5 千克的比例饲喂，直至日粮精、粗饲料比例为 47∶53，但每日最多喂量为 17 千克。对妊娠期（尤其是妊娠末期）奶牛，减少含钾高的苜蓿等在饲料中的添加量，限制钠盐、钾盐和水的摄入量，可以避免乳房水肿的发生，并可减轻其严重程度。氯化钙可以减少初产和经产牛产前日粮阴阳离子的差值，给产前奶牛日粮添加氯化钙有利于奶牛产后乳房水肿的快速消退。研究发现，乳腺组织由于受到活性氧化代谢产物影响而引发氧化应激，也易引发乳房水肿。围产期奶牛代谢活动增强，产生过多的活性氧化代谢物，或者日粮中存在黄曲霉毒素，都能引起不正常的氧化反应，从而导致脂质过氧化，蛋白质、多糖和 DNA 被破坏，细胞壁的完整性及其细胞内容物受到损伤，改变渗透压，引起水肿。因此，饲料中应有足够的维生素 E、β-胡萝卜素等外源抗氧化剂，从而保持细胞膜的稳定性和完整性，以减少乳房水肿的发生。为促使乳房血液循环，促进水肿消退，从分娩几天后就要开始让牛适当运动。同时，适当减少精饲料和多汁饲料，控制饮水量，增加挤奶次数，每次挤奶时用温水（50℃～60℃）热敷，反复按摩乳房，每次挤奶要挤净。病程较长且严重的水肿，应停喂多汁饲料，每次挤奶前的按摩时间不少于20分钟。

【治 疗】 利尿消肿，在分娩后48小时以内应尽早给予利尿剂。水肿较轻的，可自行痊愈；水肿严重者，可用速尿20毫升、青霉素320万单位、链霉素200万单位，肌内注射。50%葡萄糖注射液250毫升或10%葡萄糖注射液1 000毫升、10%氯化钙注射液200毫升、25%硫酸镁注射液80～100毫升、10%安钠咖注射液20毫升，一次静脉注射。口服安钠咖粉剂5～10克，每日1～2次，或皮下注射10%安钠咖啡因注射液20毫升，每日1～2次，连用2～4天。用硫酸镁外敷患病乳房，连用3天，可明显促进水肿的消失。对于中隔水肿的病牛，可进行穿刺，或切开中隔以排出渗出液，用浸透0.1%雷佛奴尔溶液的纱布条引流。术后为防止细菌感染，可肌内注射青霉素200万单位，每日2次。

乳房炎

奶牛乳房炎是奶牛乳房实质和间质发生的一种炎症，其特征是乳房肿胀、发热、疼痛、皮肤发红、乳汁变性，重症乳房炎可引起奶牛体温升高、食欲减退或废绝等全身症状，多发生于泌乳期。

【病 因】 牛舍卫生条件差，病原微生物可由乳头进入乳头管，并上行到乳腺组织引起发炎。也可因挤奶技术不当、挤压、碰撞等机械性因素，使乳房损伤，导致微生物感染而引起，这类病原微生物主要有金黄色葡萄球菌、无乳链球菌、停乳链球菌和一些真菌、病毒等。挤奶不净或偶尔挤奶间隔太长，使乳汁滞留于乳房内，易导致乳房炎。胎衣不下、子宫炎、过食精饲料引起的瘤胃酸中毒等可继发乳房炎。一些传染病也常继发乳房炎，如布鲁氏菌病、结核病、口蹄疫等。

【临床症状】 根据炎症的过程，可分为特急性、急性、慢性和隐性乳房炎4种。

1. 特急性乳房炎（坏疽性乳房炎） 多发于母牛分娩后数日

内，病牛突然食欲不振或废绝，体温上升到41℃以上，拱腰努背，起立困难，呼吸急促，脉搏加快，肌肉震颤，反刍停止，腹泻脱水，乳房严重肿胀，在乳房皮肤上形成紫红色或苍白色的圆形变色部分，病变部位有凉感，其他部位出现发红并有热痛感，产奶量迅速减少，乳汁呈水样、血样或脓样，有强烈的腐败臭味。乳房组织坏死，严重的导致败血症，最终死亡。

2. 急性乳房炎 乳房有不同程度的充血、肿胀、温热和疼痛，乳房淋巴结肿大，乳汁排出不畅或困难，泌乳减少或停止，乳汁稀薄。严重时，伴有母牛食欲减退、精神不振和体温升高等全身症状。

3. 慢性乳房炎 乳腺患部组织弹性降低，硬结，泌乳量减少，乳汁变稠并带有黄色，乳房含乳凝块。有时乳房由于结缔组织增生而变硬，致使泌乳能力丧失。

4. 隐性乳房炎（非临床乳房炎） 乳房无炎症症状，肉眼观察乳汁无异常。但产奶量下降，乳汁pH、电导率、乳汁中的体细胞数等都较正常值偏高。乳中病原菌、白细胞和脓细胞增多。

【诊　断】 依据临床症状、乳房检查、眼观乳汁、体细胞计数及实验室病原菌检查，即可确诊。

【预防和营养调控措施】 调整日粮精、粗饲料比例，泌乳早期要增加精饲料比例，维持精、粗饲料比在65～70∶30～35。干奶期奶牛不宜饲喂高精日粮，干奶后期奶牛每日饲喂精饲料不应超过4千克，高产牛可以增加到5千克，不要增加优质干草和青草的饲喂量。二氢吡啶可促进生长，提高奶牛繁殖力，增强细胞膜的稳定性，提高机体免疫力。朱莲英等报道，在泌乳牛日粮中添加150毫克/千克的二氢吡啶可使奶牛隐性乳房炎的发生率降低71.4%，比对照组低59.9%，且产奶量提高5.74%。添加维生素A、β-胡萝卜素、维生素D、硒和维生素E，由于硒和维生素E在抗氧化中具有协同作用，很多报道表明两者联合应用比单一使用任何一种的效果都好。对生长在缺硒地带的奶牛，目前国际上推荐的补硒方法是在奶牛干奶期和哺乳期每日每头补充维生素E 1 000 毫克，硒的补充量可按 0.3 毫克/千克饲料添加；在奶牛产前和产后 1 周的日粮中添加维生素 A 和 β-胡萝卜素，可以使胎衣不下和乳房炎的发病率降低 60%；从分娩几日后就要开始让牛适当运动，同时适当减少精饲料和多汁饲料喂量，增加挤奶次数，每次挤奶时用温水(50℃～60℃)热敷，反复按摩乳房，每次挤奶按摩时间不少于 20 分钟，奶要挤净。

【治　疗】 特急性乳房炎要采取综合治疗措施，先要清洁环境和牛体，预防褥疮。初期对乳房实行冷敷，后期热敷(常用 20%硫酸镁溶液)，同时可按摩乳房。采用全身抗生素治疗，一般可用青霉素 200 万单位，肌内注射，每日 2 次，同时静脉补液，以防脱水和患败血症。还可采用封闭疗法，每个乳区注射 0.25%～0.5%盐酸普鲁卡因注射液 40～50 毫升。急性乳房炎采取全身抗菌治疗。红霉素 400 万～600 万单位，5%葡萄糖注射液1 500毫升，静脉注射，每日 1～2 次；或用 10%磺胺嘧啶注射液300～500 毫升，静脉注射，每日 1 次。对患病乳房可先将奶挤净，用生理盐水或0.1%雷佛奴尔溶液冲洗后，再灌注抗生素，可用卡那霉素150 万～200 万单位，或 0.2%环丙沙星注射液 100 毫升溶入青霉素 160 万～240 万单位，一次灌注，每日 2～4 次。

中药可选用蒲公英地丁汤，蒲公英 100 克，地丁 100 克，金银花 50 克，连翘 50 克，乳香 30 克，没药 30 克，青皮 50 克，当归 50 克，川芎 50 克，通草 40 克，红花 20 克，水煎灌服，每日 1 次，连用 3 天。

妊娠水肿

妊娠水肿指妊娠末期奶牛腹下、后肢等处发生的水肿。本病多发生于分娩前 1 个月左右，荷斯坦牛、更赛牛易患。

【病　因】 妊娠水肿是由于奶牛腹部表层静脉血压升高，使乳房血流量减少而引起的。妊娠后期，子宫压迫腹腔后部脉管，使乳房、下腹、后肢等静脉血液回流缓慢，引起毛细血管渗透性升高，液体渗出增加，以至于潴留组织间隙形成水肿。母体血液总量增加及胎儿迅速增长，引起妊娠期饲料中蛋白质等营养物质不足或血浆蛋白浓度相对下降，使血液与组织间水分失去生理的动态平衡，导致组织中水分潴留。妊娠期间，内分泌变化使肾小管远端对钠的重吸收增加，使组织内钠量增加，导致体内水的潴留。另外，妊娠牛新陈代谢旺盛，循环血量增加，心、肾功能负担加重，代偿困难，也容易发生水肿。

【临床症状】 临产前的急性妊娠水肿多数为生理现象，当症状严重且呈慢性时才是病理状态。初期乳房皮肤渐进性充血，乳房膨大肿胀，而后向腹下和后肢蔓延，呈扁平状，左右对称，触之如面团，压之留有指痕，皮肤温度稍低。严重时，可蔓延至前胸、阴门和下肢，影响食欲和步态。

【诊　断】 根据临床症状即可确诊。

【预防和营养调控措施】 大部分妊娠水肿在奶牛产后会逐渐自消，不需治疗。在干奶期要限制饮水、多汁饲料和食盐的摄入量，给予富含蛋白质、维生素和矿物质的饲料，要适当运动。

【治　疗】 可采用强心剂和利尿剂治疗，切忌局部乱刺放液。可用20%安钠咖注射液20毫升，肌内注射，每日2次，连用3～5天。严重者可用50%葡萄糖注射液500毫升、10%葡萄糖注射液1 500毫升、10%葡萄糖酸钙注射液500毫升、水解蛋白酶注射液500毫升、20%安钠咖注射液10毫升，一次静脉注射，每日1次，连用3天。

也可以用中药治疗，肿势缓者内服加味四物汤或当归散；肿势急者内服白术散。

加味四物汤：熟地黄45克、白芍40克、川芎25克、枳实20克、青皮25克、红花10克，共研为细末，开水冲调，候温灌服。

当归散：当归20克、补骨脂20克、红花20克、白芍20克、葫芦巴20克、红花15克、自然铜20克、骨碎补20克、益母草20克，共研为细末，黄酒100毫升为引，候温灌服。

白术散：白术（炒）50克、砂仁30克、当归50克、川芎30克、白芍30克、生姜15克、熟地黄30克、党参30克、陈皮40克、苏叶40克、黄芩40克、阿胶（炒）40克，共研为细末，甘草15克为引，开水冲调，候温灌服。

产后泌乳不足或无乳

母牛产后无乳或乳汁不足等统称为缺乳。本病一般是奶牛在泌乳期受到某种因素的影响而致使乳腺功能紊乱，造成泌乳量显著减少，甚至无乳。多见于营养不良、老龄和初产牛。

【病　因】 导致母牛泌乳减少或无乳的原因有很多，饲料营养物质不足通常为主要原因。例如，炎热天气，母牛食欲减退或不食，或在冬春季节母牛妊娠后期长时间舍饲，缺乏青绿饲料和优质干草，精饲料供给不足等，均可引起产后泌乳不足或无乳。此外，乳腺发育不全而缺乏泌乳能力，或受某些全身性、热性疾病的影响，致使乳腺功能发生萎缩，激素腺体功能紊乱；劳役过于繁重而导致机体消耗过度等，也能引发产后泌乳不足或无乳。

【临床症状】 临床主要表现为泌乳量逐渐减少或无乳；触诊局部乳腺组织变软，乳房皮肤松弛而无弹性，乳头缩小；犊牛吮乳次数增加且常因吮不到乳汁而以头部顶撞乳房，而母牛则常因疼痛而拒绝哺乳，致使犊牛日渐体弱、消瘦，被毛枯燥，生长发育受阻等，甚至衰竭或继发其他疾病而死亡。

【诊　断】 根据泌乳量不足或无乳即可确诊，但应与乳房炎等疾病相区别。

【预防和营养调控措施】 首先，在母牛的日粮中给足易消化而又富含蛋白质、维生素和矿物质的精饲料、青绿饲料、多汁饲料；及时供给充分而清洁的饮水；冬春季应使牛舍保持温暖、清洁、通风与干燥；夏季应做好牛舍的通风换气和防暑降温工作。对母牛采取产后放牧是增加泌乳量的好方法。

【治　疗】 在改善饲养管理的基础上，可根据病情需要，酌选下列中草药方剂进行催乳治疗。当归 50 克、川芎 25 克、焦白术 25 克、党参 25 克、五味子 30 克、升麻 30 克、益母草 15 克、麦门冬 15 克、红花 10 克，煎汤，加红糖 200 克、黄酒 200 毫升，候温灌服，隔日 1 剂，连用 3 剂；王不留行 100 克、白茅根 50 克、通草 40 克、当归 50 克、党参 50 克、熟地黄 40 克、甲珠 50 克，煎汤，生虾（捣碎）适量为引，一次灌服；党参 50 克、当归 50 克、白术 40 克、茯苓 50 克、路路通 40 克、穿山甲 50 克、王不留行 100 克、通草 25 克、瓜蒌 75 克、甘草 30 克，共研为细末，黄酒 250 毫升为引，每日 1 剂，调入母牛饲料中喂服，连用数日，效果良好。

难　产

分娩时胎儿不能正常产出称为难产。根据导致难产的因素，可分为产力性难产、产道性难产和胎儿性难产 3 类。

【病　因】 分娩过程是否正常取决于产力、产道和胎儿 3 个因素。如果其中一个因素发生异常，或三个因素相互不能适应，就会发生难产。营养不良、激素失调致使子宫阵缩微弱、努责无力，骨盆畸形、母牛在生长期发育不良、产道狭窄，胎儿过大或畸形、胎儿姿势和胎位不正等都可引起难产。另外，软产道异常，也可导致难产，如子宫颈、阴道及阴门的瘢痕、粘连和肿瘤等都可造成产道异常性难产。

【临床症状】 妊娠牛精神沉郁，食欲废绝，拱背努责，瘤胃蠕动弛缓，无反刍。分娩时母牛阵缩正常，有时尚可见胎儿两蹄尖露出阴门外，或者仅一只蹄尖露出，但胎儿排不出来。产道及胎儿的方向、位置、姿势均正常，只是胎儿很大，充塞于产道内。双胎难产是牛的两个胎儿同时进入盆腔，都不能通过，此时往往还伴有胎儿姿势和位置的各种异常。

【诊　断】 分娩时通过奶牛的外阴观察及直肠检查即可确诊。

【预防和营养调控措施】 保持适当膘情，对母牛生产极为有利。妊娠牛胎儿的生长发育，与母牛的营养水平关系密切，特别是在妊娠后期，如果母牛营养水平过高，必然使胎儿发育过快，体重增加，增加了难产的发生率，故在妊娠的最后3个月，保持低蛋白质日粮使犊牛初生重降低，可以降低难产率。

【治　疗】 解救难产的手术有胎儿牵引术、胎儿矫正术、截胎术、母牛阴门切开术、母体翻转术和剖宫产。当胎儿过大时，可考虑剖宫产或截胎术；产双胎难产时，助产原则是先推回一个胎儿，再拉出另一个胎儿，然后再将推回的胎儿拉出。

胎衣不下

奶牛分娩后，胎衣在12小时内不能自然完全脱落者称为胎衣不下。胎衣不下是奶牛产后常见疾病之一，发病率通常在10%～25%，有时可高达50%以上。

【病　因】 主要与产后子宫收缩无力和妊娠期间胎盘发生炎症有关。

1. 产后子宫收缩无力 妊娠期间，饲料单纯，缺乏矿物质、微量元素和维生素，特别是缺乏钙盐与维生素A，妊娠牛消瘦、过肥和运动不足等，都可使子宫弛缓。怀双胎、胎水过多及胎儿过大，使子宫过度扩张，可继发产后子宫阵缩微弱，易发生胎衣不下。流产、早产、难产和子宫捻转时，产出或取出胎儿后，子宫收缩力往往减弱，易导致胎衣不下。

2. 胎盘炎症 妊娠期间子宫受到感染（如布鲁氏杆菌、沙门氏杆菌、李氏杆菌、胎儿弯杆菌、生殖道霉形体、真菌、毛滴虫、弓形体或病毒等引起的感染），发生轻度子宫内膜炎或胎盘炎，导致结缔组织增生，使胎儿胎盘和母体胎盘发生粘连，产后易发生胎衣不下。

此外，牛胎盘属于上皮绒毛膜与结缔组织绒毛膜混合型，胎儿胎盘与母体胎盘联系比较紧密，也是发生胎衣不下的原因之一。高温季节，可使妊娠期缩短，增加胎衣不下的发病率。产后子宫颈收缩过早，妨碍胎衣排出，也可引起胎衣不下。胎衣不下还可能与遗传有关。

【临床症状】 胎衣不下分为部分不下和全部不下2种。一般从阴门外可见下垂的呈带状的胎膜，多为尿膜羊膜和脐带，呈淡红色，也可露出尿膜绒毛膜的一部分，呈土红色，其表面有大小不等的胎儿子叶。有时母牛的胎膜也会全部滞留于子宫内，只有进行阴道检查，才能发现子宫内有胎膜。病牛表现拱背，频频努责，如果胎衣滞留时间过长，发生腐败分解，腐败的胎衣碎片随恶露排出。如腐败分解产物被吸收，母牛即可表现出食欲减退、反刍减少、泌乳减少、体温升高、瘤胃弛缓等全身症状。

【诊　断】 主要根据是恶露排出的时间延长，有臭味，其中含有腐烂胎衣碎片即可做出诊断。

【预防和营养调控措施】 妊娠牛要饲喂含钙、磷平衡及维生素丰富的饲料，饲料中的能量、蛋白质、硒、碘及维生素A、维生素D、维生素E含量要丰富且平衡，能量、蛋白质和钙不能过量，以防奶牛过度肥胖和发生脂肪肝，但蛋白质不要低于8%。饲料中添加适量的硒和维生素E，以避免氧化应激对机体的损害。添加硫酸铵和氯化铵降低日粮阴阳离子差，在降低低血钙症发病率的同时也降低了胎衣不下的发生率；在日粮配制中，注意钙、磷、硒、维生素E、维生素D等的补充，给采食缺硒日粮(0.05%～0.07%)的奶牛补饲硒，可显著降低胎衣不下的发生率。硒和维生素E联合使用降低胎衣不下的效果比单独使用好。在冬季缺乏青绿饲料的季节应适当补充维生素E和维生素A，在缺碘地区应添加碘化钾。奶牛在干奶期限制日粮能量、蛋白质水平和精饲料总量。舍饲牛要适当增加活动时间，产前1周减少精饲料饲喂量，保持适度膘情。分娩后让母牛自行舔干犊牛身上的黏液，尽可能灌服羊水，并尽早让犊牛吮吸初乳；分娩后立即注射葡萄糖酸钙注射液或饮益母草、当归煎剂或水浸液，亦有防止胎衣不下的效果。如有条件，分娩后注射缩宫素50单位，可降低胎衣不下的发病率。奶牛正常分娩过程应尽可能让其自然完成，避免人为地拉出或不必要的助产。

【治　疗】 治疗胎衣不下的方法很多，概括起来可以分为药物疗法和手术疗法。对牛的胎衣不下，首先可试用药物治疗，如无效则采用手术剥离。

1. 药物疗法 缩宫素 50～100 单位，肌内或皮下注射，2 小时后可重复注射 1 次，在产后 6 小时内注射缩宫素，对促进胎衣排出有良好作用。还可皮下注射麦角新碱。给母牛灌服羊水 300 毫升，也可引起子宫收缩，促使胎衣排出，如灌服后 2～6 小时不排出胎衣，可再灌服 1 次。在子宫内注入 5%～10%食盐水 3 000～5 000毫升，可促使胎儿胎盘缩小，与母体胎盘分离，高渗盐水还有促进子宫收缩的作用，但注入后须注意使盐水尽可能完全排出。可在子宫黏膜与胎衣之间放置土霉素或四环素粉剂 1～2 克，把药物装入胶囊或用水溶性薄膜纸包好置于两子宫角中，隔日 1 次，共用 2～3 次，效果良好。也可用中药益母草 500 克、车前子 200 克共研为末，加黄酒 100 毫升，灌服；穿山甲 50 克、大戟 30 克、滑石 50 克、海金沙 50 克、车前子 150 克，共研为末灌服。

2. 手术疗法(剥离胎衣) 胎衣不下的病牛经药物治疗无效时，可在子宫颈尚未缩小到手不能通过以前(产后 2～3 天)，进行剥离。剥离前后应注意母牛外阴和术者手臂的消毒。剥离后用土霉素粉 15 克、碘伏 25 毫升、食盐 50 克，加入常水 1 000 毫升，进行子宫冲洗。胎衣不下的牛经处理后，多数无其他病状，只有少数因胎衣剥离不干净，引起产后急性子宫炎和乳热症，但只要及时治疗都可好转。

卵巢囊肿

卵巢囊肿是指卵泡肿大，直径在 2.5 厘米以上(正常成熟卵泡直径在 2 厘米以下)，卵巢处于连续 10 天不排卵的静止状态。本病在冬季比夏季多发，舍饲的高产奶牛泌乳盛期多发，是奶牛繁殖疾病中发生最多的一种。

【病　因】 卵巢囊肿的发生与环境、营养、激素和内分泌失调有关。促黄体素分泌不足或促卵泡素分泌过多，使排卵机制和黄体的正常发育受到扰乱。饲料中缺乏维生素A、矿物质不均衡或含有多量的雌激素，饲喂精饲料过多而又缺乏运动，易发生卵泡囊肿。子宫内膜炎、胎衣不下及其他卵巢疾病可以引起卵巢炎，使排卵受到扰乱，因而也与囊肿的发生有关。此外，在卵泡发育过程中，气温突然变化等应激因素以及遗传因素也与本病有关。

【临床症状】 发情异常，发情周期变短，发情期延长，严重时持续表现强烈的发情行为而成为慕雄狂。病牛极度不安，大声哞叫、咆哮、拒食，频繁排泄粪尿，经常追逐和爬跨其他母牛，产奶量降低，有的乳汁带苦咸味，煮沸时发生凝固。食欲减退，身体消瘦，被毛失去光泽。性情凶恶，不听使唤，有时攻击人、畜。有些母牛则表现不发情，这种情况多见于产后60天内，病牛荐坐韧带松弛，臀部肌肉塌陷，尾根抬高，尾根与坐骨结节之间出现一个深的凹陷；阴唇肿胀、增大，阴门中常排出黏液。直肠检查可发现卵巢上有数个或1个壁紧张而有波动的囊泡，直径一般均超过2厘米，大于正常卵泡，有的达到5～7厘米，有时有许多小的囊肿。进行多次直肠检查，可发现囊肿交替发生和萎缩，但不排卵，囊壁比正常卵泡厚；子宫角松软，不收缩。牛患卵泡囊肿时血浆孕酮的浓度低，患黄体囊肿时则较高。

【诊　断】 根据临床症状和临床检查，尤其是直肠检查发现卵巢有直径大于2.5厘米的卵泡，不难做出诊断。

【预防和营养调控措施】 日粮中加入适量的氯化钠、氯化钾和硫酸钴等，可使卵巢囊肿减少60%，补充维生素A、维生素D和维生素E等，可防止产科疾病发生。还应做饲草分析，确保日粮中钙、磷比例在1.5～2∶1。不使用含有真菌毒素的饲料，不饲喂含雌激素的牧草。及时治疗子宫内膜炎、胎衣不下和其他卵巢疾病，有助于预防卵巢囊肿的发生。

【治　疗】 对于舍饲的高产牛，可以增加运动，减少挤奶量。治疗主要为激素疗法。促黄体素，静脉注射 5 000 单位或肌内注射 10 000 单位；促性腺激素，肌内注射 100～200 单位；促性腺激素释放激素类似物（LRH-A、LRH-A_3），肌内注射 0.5～1 毫克，产后 12～14 天给母牛注射可以制止卵巢囊肿的发生，每次50～100 毫克，每日或隔日 1 次，连用 2～7 次；前列腺素及其类似物对卵巢囊肿有间接的治疗作用；用激光和电针治疗卵巢囊肿也有一定的疗效。此外，挤破、穿刺和摘除囊肿等手术疗法也可治疗本病。

持久黄体

奶牛在性周期或妊娠后，卵巢上黄体超过 20～30 天不消退者，称为持久黄体或黄体滞留。前者为发情性周期持久黄体，后者为妊娠持久黄体，两者都能分泌孕酮，抑制卵泡发育，使发情周期停止循环，引起不孕。持久黄体多见于高产牛。

【病　因】 舍饲奶牛运动不足、饲料单纯、缺乏矿物质及维生素等，都可引起黄体滞留。冬季寒冷且饲料不足，常常发生持久黄体。子宫炎、子宫蓄脓和积水、胎儿死亡未被排出、产后子宫复旧不全、部分胎衣滞留、子宫肿瘤等，都会使黄体不能按时消退而成为持久黄体。

【临床症状】 持久黄体的主要特征是母牛发情周期停止循环，母牛不发情。直肠检查可发现一侧（有时为两侧）卵巢增大，其表面有或大或小的黄体突出，可以感觉到质地比卵巢实质硬。如果母牛超过了应当发情的时间而不发情，间隔一定时间（10～14 天），经过 2 次以上的检查，在卵巢的同一部位触到同样的黄体，即可诊断为持久黄体。为了和妊娠黄体相区别，必须仔细触诊子宫，有持久黄体存在时，子宫可能没有变化，有时松软下垂，稍为粗大，触诊没有收缩反应。

【诊　断】 根据临床症状和间隔一定时间（10～14 天），经过 2 次以上的检查，在卵巢的同一部位触摸到同样的黄体，即可诊断为持久黄体。

【预防和营养调控措施】 持久黄体可以看作是在健康不佳的情况下，防止母牛妊娠的自然保护现象，因而治疗持久黄体时，首先也应从改善饲养管理同时治疗所患疾病着手，才能收到良好效果。舍饲时，母牛要适当运动，饲料中的矿物质和维生素等要丰富而全面，冬季要防寒，且饲料要充足。

【治 疗】 前列腺素 $F_{2\alpha}$，肌内注射 5～10 毫克，或按每千克体重 9 微克计算用药；氟前列烯醇，肌内注射 0.5～1 毫克；氯前列烯醇，肌内注射 0.2～0.4 毫克，隔 7～10 天做直肠检查，如无效果可再注射 1 次。也可肌内注射促黄体释放激素类似物(LRH-A) 400 单位，隔日再注射 1 次，经 10 天左右进行直肠检查，如仍有持久黄体可再进行 1 个疗程。

黄体酮和雌激素配合应用也可治疗持久黄体，黄体酮共注射 3 次，每日 1 次，每次 100 毫克，第二次和第三次注射时，同时注射己烯雌酚 10～20 毫克或促卵泡素 100 单位。

子宫内膜炎

子宫内膜炎是发生于子宫内膜的炎症，是导致奶牛不孕的主要原因之一，多集中在产后 2 周内发生，发病率为 20%～35%。

【病 因】 奶牛饲养环境差，运动场泥泞、积水，牛舍阴暗潮湿、通风不良，环境消毒效果不确切，环境中存在大量病原菌，可引起子宫内膜炎；分娩时产房、牛体消毒不严格，助产者手臂、器械消毒不严格，助产操作不当，可将病原菌带入子宫；分娩后母牛子宫颈口开张，环境中的病原菌经阴道、子宫颈进入子宫，引起子宫感染；阴道检查、人工输精、子宫给药时器械消毒不严，将病原菌带入子宫；饲料营养不平衡，缺乏微量元素硒、锌、碘和维生素 A、维生素 D、维生素 E，母牛过肥、过瘦，均可降低抵抗力，易发生感染；流产、早产、难产、产双胎、胎衣不下、产道损伤、子宫脱、阴道脱、乳热症、乳房炎、酮病、子宫弛缓、卵巢功能恢复过晚等，均可引起子宫内膜炎或增加子宫内膜炎的发病率。

【临床症状】 急性子宫内膜炎时，病牛表现食欲不振，泌乳量降低，拱背努责，常做排尿姿势，从阴道排出黏液性或黏液脓性的污红色恶臭渗出物，卧地时流出的量更多。严重时病牛体温升高，精神沉郁，食欲减少，反刍减少，直肠检查可感到一侧或双侧子宫角变大，收缩反应减弱，有时有波动，阴道检查可见子宫颈外口充血肿胀。

慢性子宫内膜炎时，病牛全身症状不明显，从子宫流出透明的或带有絮状物的分泌物，直肠检查可感知子宫松弛，子宫壁变厚，子宫冲洗物静置后有沉淀。病牛屡配不孕。

隐性子宫内膜炎临床上不表现症状，发情周期正常，但屡配不孕；慢性卡他性子宫内膜炎，从阴门中经常排出一些黏稠浑浊的分泌物，吊于阴门下角，母牛发情时或卧下时排出量增多；慢性卡他性脓性子宫内膜炎，母牛发情周期不正常，阴门中经常排出灰白色或黄褐色的稀薄脓液或黏稠脓性分泌物，排出物可污染尾根和后躯，形成干痂。

【预防和营养调控措施】 加强饲养管理，提高机体抵抗力，饲料营养要均衡，给予优质饲草，经常补充微量元素、矿物质和维生素，合理补料，吃饱饮足，提倡饲喂舔砖，使膘情良好，体质健壮，免疫力强。干奶期控制精饲料喂量，防止产后酮病、子宫复旧不全等疾病的发生。在阴道检查、人工输精、子宫给药时要做到严格消毒，避免将病原菌带入子宫。

【治　疗】 无论是急性还是慢性子宫内膜炎，都可用温生理盐水 1 000～5 000 毫升分 3～4 次反复冲洗，然后经直肠对子宫进行按摩，排出冲洗液，直至排出的液体透明为止。如果是化脓性子宫内膜炎，可用 0.1%雷佛奴尔溶液或 0.1%高锰酸钾溶液进行冲洗，每日 1 次，连续冲洗 2～4 天。也可用 5%～10%氯化钠溶液进行冲洗，隔日 1 次，连续冲洗 2～3 次，以促进子宫收缩，减少和阻止渗出物的吸收。

每次冲洗子宫后应向子宫内放入药物，一般将80万单位的青霉素和100万单位的链霉素溶于200毫升鱼肝油中，再加入缩宫素15单位，注入子宫内，每日1次，连用5天后改为隔日1次。也可用卡那霉素300～400单位，每日1次，连用3天。对隐性子宫内膜炎，输精前4小时子宫内灌注青霉素80万单位或庆大霉素24万单位(6毫升)有良好效果。或用0.1%碘溶液40～80毫升，隔日灌注1次；7%鱼石脂溶液40～80毫升，隔日灌注1次。

为增强子宫功能，可肌内注射苯甲酸雌二醇6～10毫克，但不可反复或大剂量使用。使用雌激素后，可肌内注射缩宫素50～80单位。另外，肌内注射维生素A、维生素D、维生素E注射液，对本病的恢复和提高受胎率有良好的辅助作用。

中药治疗：当归60克、赤芍50克、桃仁40克、红花30克、香附40克、益母草90克、青皮30克，卵巢功能不全或减退时，加阳起石100克、淫羊藿90克、菟丝子80克、补骨脂80克；卵巢囊肿时，加京三棱40克、莪术40克；子宫弛缓时，加党参50克、黄芪100克、柴胡30克、升麻30克；炎症较重时，加金银花50克、连翘50克、黄芩50克。煎汤，1次灌服。

子宫内翻与脱出

奶牛子宫角前端翻入子宫腔或阴道内，称子宫内翻；子宫全部翻出于阴门之外，称子宫脱出。常于产后数小时内发生。

【病　因】 由于妊娠牛衰老经产、营养不良(单纯喂以麸皮或钙盐缺乏等)或运动不足，致使子宫弛缓无力；分娩时阴道受到强烈刺激，产后强烈努责，腹压增高，容易发生子宫内翻或脱出；怀双胎，子宫过度扩张、弛缓，产后仍有努责，也可导致子宫内翻或脱出。

【临床症状】 子宫内翻时，母牛有表现不安、努责举尾、时起时卧等腹痛症状，产道检查可以触知套入子宫腔或阴道内的子宫角尖端为柔软的圆形瘤样物。直肠检查时，肿大的子宫角似肠套叠，子宫阔韧带紧张。病牛卧下时，可以看到翻入阴道内的子宫角。内翻的子宫角如不能自行恢复原位或得不到整复，可能发生坏死和败血性子宫炎，阴道流出污红色发臭液体，全身症状明显。

子宫不完全脱出时，母牛拱背站立，垂尾，用力努责，常排尿、排粪，一般无全身症状。子宫完全脱出时，子宫全部外翻露出阴门外，为小麻袋样不规则的长圆形肿胀物，其上布满暗红色的蘑菇样圆形凸起物（子叶），有时还附有尚未脱离的胎衣。如胎衣已脱离，则可看到黏膜表面有许多暗红色的子叶，并极易出血。脱出时间稍久，子宫黏膜即淤血、水肿，呈黑红色肉冻状，并发生干裂、出血，甚至坏死。常继发腹膜炎、败血症而表现出全身症状。脱出的子宫腔内有肠管时，病牛出现疝痛症状，外部触诊及直肠检查可以摸到。穿刺子宫末端有血液流出。

【诊　断】 子宫内翻可通过产道检查和直肠检查即可确诊。子宫完全脱出时，由于子宫全部外翻露出阴门外，易于诊断；子宫不完全脱出时，可通过阴道检查不完全子宫脱出的程度。

【预防和营养调控措施】 对妊娠牛加强饲养管理，饲料要含有足够的营养，妊娠后期要给予适当的运动与充足的日照。助产时操作要规范，牵拉胎儿时不要用力过猛。母牛分娩时如有不安、努责等现象应及时检查处理。发病后要加强护理工作，特别要保持脱出部分子宫的清洁卫生，防止损伤。

【治　疗】 子宫内翻与脱出必须及早施行手术整复，否则内翻或脱出的时间越长，整复越困难，所受外界刺激越严重，康复后的不孕率亦越高。不能整复时，必须进行子宫切除术。

1. 整复法 子宫内翻时，术者将内翻的子宫角送入子宫复位。子宫脱出时，首先用0.01%～0.05%新洁尔灭溶液将脱出的子宫及外阴、尾根充分洗净，除去杂物、坏死组织及附着的胎膜，然后进行整复。为了抑制努责，必须施行硬膜外麻醉，将子宫用布兜托起提高，迅速整复，然后在阴门处进行压枕缝合。术后必须注射强心剂及大量补液。努责强烈者，可在后海穴注射2%盐酸普鲁卡因注射液。术后要派专人护理观察，以防复脱。整复后可向子宫内投放广谱抗生素，以防止感染。

2. 脱出子宫切除术 如子宫脱出时间已久，无法送回，或者有严重的损伤及坏死，整复后如引起全身感染，有导致死亡的危险，可将脱出的子宫切除，以挽救母牛的生命。手术预后一般良好。

阴道脱出

阴道的一部分或全部脱出于阴门之外，称为阴道脱出。多发生于围产前期和老龄的牛。

【病　因】 妊娠牛年老经产、衰弱、营养不良、缺乏钙和磷等矿物质以及运动不足，常引起全身组织紧张性降低从而引发本病，妊娠末期，胎盘分泌的雌激素较多，或采食含雌激素较多的牧草，可使母牛骨盆内固定阴道的组织和外阴松弛，如同时伴有腹压持续增高的情况（胎儿过大、胎水过多、瘤胃臌胀、便秘、腹泻、产前截瘫、患严重骨软症卧地不起、奶牛长期拴于前高后低的牛舍内以及产后努责过强等），压迫松软的阴道壁，均可使阴道的一部分或全部突出于阴门之外。另外，牛患卵巢囊肿时，因分泌雌激素较多，也常继发阴道脱出。

【临床症状】 病初当病牛卧下时，前庭及阴道下壁形成拳头大、粉红色瘤样物，夹在阴门之间，或露出于阴门之外，母牛起立后，脱出部分能自行缩回。随着病程的发展，脱出物增多，不能自行回缩，可由阴道壁部分脱出发展为全部脱出。脱出物可达排球大，呈粉红色，光滑湿润。若脱出的部分长期不能回缩，则黏膜淤血，变为紫红色，黏膜发生水肿，严重时可与肌层分离，表面干裂、出血，脱出的阴道黏膜破裂、发炎、糜烂或者坏死。严重时可继发全身感染，甚至死亡。病牛精神沉郁，脉搏快而弱，食欲减少。

【诊　断】 根据临床症状即可做出诊断。

【预防和营养调控措施】 对妊娠牛要注意饲养管理，供应平衡日粮，以满足机体营养需要。控制干奶期精饲料喂量，防止母牛肥胖。舍饲牛应适当增加运动，提高全身组织的紧张性。病牛要少喂容积过大的粗饲料，给予易消化的饲料。

【治　疗】

1. 阴道部分脱出　治疗原则为防止脱出部分继续增大，避免损伤和感染发炎。可将病牛拴于前低后高的牛舍内，同时适当增加运动，减少卧下的时间；将尾系于一侧，以免尾根刺激脱出的黏膜；给予易消化饲料；对便秘、腹泻和瘤胃弛缓等病，应及时治疗。

2. 阴道完全脱出　必须迅速整复，并加以固定，以防复发。整复前先将病牛保定于前低后高的地方，不能站立的应将后躯垫高，以减少骨盆腔内的压力。努责强烈妨碍整复时，应先在荐尾间隙或第一、第二尾椎间隙行轻度硬膜外麻醉，也可将药物注射于后海穴。用防腐消毒液（如0.1％高锰酸钾溶液、0.05％～0.1％新洁尔灭溶液等）将脱出的阴道充分洗净，除去坏死组织，伤口大时要进行缝合，并涂以消炎药剂。若黏膜水肿严重，可先用毛巾浸以2％明矾溶液进行冷敷，并适当压迫15～30分钟，亦可针刺水肿黏膜，挤压排液，再涂以3％过氧化氢溶液，使水肿减轻、黏膜发皱。整复时先用消毒纱布将脱出的阴道托起，在病牛不努责时，用手将脱出的阴道向阴门内推送，待全部推入阴门以后，用拳头将阴道推回原位，最后在阴道腔内注入消毒药液，或在阴门两旁注入抗生素，以便消炎，减轻努责；热敷阴门也有抑制努责的作用。如果努责强烈，亦可在阴道内注入2％盐酸普鲁卡因注射液10～20毫升。整复后，为防止再次脱出，可缝合阴门、阴道侧壁和臀部皮肤，这种方法的治疗效果较为确实可靠。

乳热症

乳热症又称生产瘫痪，是奶牛分娩前后突然发生的严重代谢性疾病。其主要特征是病牛知觉减退或消失，四肢瘫痪，卧地不起，精神抑制和昏迷。本病多发生于分娩后1～3天、营养状况好、

5～9 岁的高产牛。

【病　因】 乳热症的发生主要是分娩前后大量血钙进入初乳，且动用骨钙的能力降低，引起血钙浓度急剧下降所致。在分娩过程中，大脑皮质过度兴奋，其后即转为抑制状态，分娩后腹内压突然下降，腹腔器官被动性充血，以及血液大量进入乳房，引起暂时性的脑贫血，使大脑皮质抑制程度加深，从而影响甲状旁腺，使其分泌激素的功能减退。另外，妊娠后半期由于胎儿发育的消耗和骨骼吸收能力的减弱，骨骼中贮存的钙量大为减少。分娩前后从肠管吸收的钙量减少，也是引起血钙降低的原因之一。

【临床症状】 发病后数小时（多为 1～2 小时），病牛即出现瘫痪症状，后肢开始不能站立，虽挣扎但仍站不起来。全身出汗，颈部尤多，肌肉颤抖，不久出现意识抑制和知觉丧失。昏睡，眼睑反射微弱或消失，瞳孔散大，对光线照射无反应，皮肤对疼痛刺激亦无反应。肛门松弛，反射消失。心音减弱，速率增快，每分钟可达 80～120 次。脉搏微弱，勉强可以摸到。呼吸深慢，听诊有啰音。有时发生喉头及舌麻痹，舌伸出口外不能自行缩回，呼吸时出现明显的喉头呼吸音。吞咽发生障碍，易引起异物性肺炎。四肢屈于躯干下，头向后弯到胸部一侧。病初体温正常，随着病程发展，体温逐渐下降，最低可降至 35℃～36℃。

【预防和营养调控措施】 在妊娠期，保证饲料阴阳离子平衡，降低饲料中钾和钠的含量，向以苜蓿为基础的产前牛饲粮中添加铵、钙、镁的氯化物和硫化物等阴离子盐，以降低乳热症的发生率。研究和实践证明，奶牛围产期饲喂的日粮阴阳离子差达到－100～－150 毫当量/千克时，奶牛处于轻微的酸中毒，可有效防止奶牛乳热症的发生。临产前添加大剂量维生素 D 也可预防乳热症。干奶期中，最迟从产前 2 周开始，减少富含蛋白质的饲料，促进母牛消化功能，避免发生便秘、腹泻等扰乱消化的疾病。干奶期间，可将每头奶牛每日摄入的钙量限制在 100 克以下，增加谷物精饲料的数量，减少豆科植物和豆饼等的饲喂量，日粮钙、磷水平分别为0.2%和0.3%，使摄入的钙、磷比例保持在1～1.5∶1，产后立即恢复高钙饲料，摄入的钙量增加到每日每头125克以上。但是Goff和Horst(1997)提出产前饲粮高钙并不是导致乳热症的主要原因，相反高钾可导致代谢性碱中毒从而降低牛体钙的稳衡能力。饲粮中钾含量过高将干扰钙和镁的吸收，从而增加乳热症的发生率。可于产前饲料中添加足够的镁(一般添加0.35%～0.45%)，避免由于低血镁症而继发乳热症。产后不立即挤奶，产后3天之内不将初乳挤净等，对于防止乳热症的发生都有一定的作用。

【治　疗】 静脉注射钙制剂或采用乳房送风疗法是治疗乳热症最有效的疗法。治疗越早，疗效越高。用20%葡萄糖酸钙注射液和25%葡萄糖注射液各500毫升，一次静脉注射，每日2～3次，直到病牛能站立为止。如多次使用钙剂仍不能站立者，可静脉注射20%磷酸二氢钠注射液500毫升，或3%磷酸钙注射液1 000毫升。若在6～8小时内不见效果，则预后不良。补钙后如果病牛机敏活泼但还不能站立，多数是患有低血镁症，可用2%磷酸二氢钠注射液200毫升或3%次磷酸钙1 000毫升静脉注射，有良好效果。乳房送风疗法多适用于病情较轻的牛，而且宜早期使用。对病牛要有专人护理，多加垫料，天冷时要注意保温。病牛侧卧时间过长，要设法使其转为伏卧或将牛翻转，防止发生褥疮和反刍时引起异物性肺炎。

酮　病

酮病是由于奶牛体内碳水化合物和挥发性脂肪酸代谢紊乱所引起的一种全身性功能失调的营养代谢性疾病，其特征是酮血、酮尿、酮乳和低血糖。本病多发生于干奶期过肥、舍饲运动不足的高产牛，尤以3～5胎的高产胎次及产后10天至6周内发病最多。

【病　因】 主要由于营养不平衡和供应不足，饲料供应过少，品质低劣，饲料单一，日粮不平衡或精饲料(高蛋白质、高脂肪和低碳水化合物饲料)过多，粗饲料不足等，均会使机体的生糖物质缺乏，引起能量负平衡，产生大量酮体；干奶期供应能量水平过高，母牛产前过度肥胖，分娩后严重影响采食量的恢复，同样会使机体的生糖物质缺乏，引起能量负平衡，产生大量酮体而发病；患酸中毒、前胃弛缓、瘤胃臌气、创伤性网胃炎、皱胃炎、胃肠卡他、子宫炎、乳房炎及其他产后疾病，往往引起母牛食欲减退或废绝，由于不能摄取足够的食物，机体得不到必需的营养，也能导致奶牛发生酮病；饲料中钴、碘、磷等矿物质缺乏和各种应激因素及其他内分泌紊乱也可促进酮病的发生。

【临床症状】

1. 消化型酮病 病牛精神沉郁，食欲反常，初期泌乳量急剧增多，短期内又急剧下降，直至泌乳功能中止。

2. 神经型酮病 病牛除呈现消化型酮病的症状外，还从口角流出泡沫状唾液，兴奋不安，狂暴摇头，眼球震荡，做圆圈运动。

3. 乳热型酮病 泌乳量急剧下降，病牛体重减轻，肌肉乏力，不时发生持续性痉挛。

4. 继发型酮病 病牛精神沉郁，食欲减退或废绝，反刍、嗳气或瘤胃蠕动功能紊乱，泌乳量大减。重症病牛多伴发黄疸和神经症状。

【诊 断】 对于临床上比较典型的酮病病例，可以根据其发病时间、临床症状和特有的酮体气味做出初步诊断。但大多数病例需要进行尿液、乳汁的酮体定性测定和血糖定量分析才能确诊。

【预防和营养调控措施】 首先，应加强管理，调整饲料，减喂油饼类等富含脂肪的饲料，增喂富含糖和维生素的饲料，如胡萝卜、干草等。定期对产后 2 个月内的高产牛进行尿液、乳汁的酮体含量监测，以便早发现、早采取措施；母牛产前 2 个月停奶，保证胎儿与母体的营养供给，使乳腺组织和瘤胃功能得到休息和调整；奶牛停奶后，要减少谷物精饲料（蛋白质、脂肪）的饲喂量，增加优质干草的喂量，避免奶牛过度肥胖，饲料不宜急剧变化；控制环境应激因素，使奶牛的采食量达到最大，减少脂肪的动员，降低血液酮体的浓度，降低能量负平衡的严重程度和持续时间是预防奶牛酮病的关键，还要防治围产期其他疾病的发生；产前 2 周开始补饲产奶精饲料，适当提高钙水平和营养浓度；应用瘤胃调节剂增进食欲，在产前 10 天开始，饲料中加入丙酸钠，每日 110 克，连续饲喂 4～5 周，可有效减少酮病的发生，同时还可提高产奶量；对高产牛适量补充过瘤胃脂肪可以改善产后的生产和繁殖性能，在母牛产后日粮中添加适量的缓冲剂如碳酸氢钠、碳酸钠、氧化镁、膨润土或草木灰等，以改善奶牛对饲料的采食量，防止发生瘤胃酸中毒，提高抗病能力，促进牛体健康；根据产奶量升高速度及时调整日粮营养水平，控制奶牛减重幅度，必要时应用过瘤胃脂肪和过瘤胃蛋白额外补充能量和蛋白质；认真调配日粮，保持合理的精、粗饲料比例，保证非纤维性碳水化合物的含量充足。

【治　疗】 可用 25%～50%葡萄糖注射液 500～1 000 毫升、氢化可的松 1 克、胰岛素 50 单位、辅酶 A 500 单位，一次静脉注射，每日 2 次，效果显著；丙二醇 125～250 毫升，一次口服，每日 2 次；丙三醇 500 毫升，日服 2 次，连服 7 天；氢化可的松 0.5～1 克，或醋酸可的松 0.5～1.5 克，肌内注射或静脉注射。对神经型病牛可应用水合氯醛 15～25 克，分 2 次内服，10%葡萄糖酸钙注射液 300～500 毫升，静脉注射，连用 3～5 天。中药可用当归、川芎、砂仁、赤芍、熟地黄、神曲、益母草、广木香、麦芽各 35 克，共研为末，开水冲服，每日或隔日 1 次，连服 3～5 次，对增进食欲、加速病愈效果较好。

脂肪肝

脂肪肝是奶牛主要的代谢性疾病。奶牛肝脏内脂肪代谢过程受阻，使脂肪在肝脏中蓄积，并超过肝脏中正常含量的 5%时，即称为脂肪肝，又称分娩综合征、母牛肥胖综合征。

【病　因】

1. 饲养管理不当　奶牛干奶期精饲料所占比例过大，粗饲料喂量不足，导致奶牛干奶期过肥。在分娩时由于大量泌乳，使机体内的糖和营养物质不断排出，在能量补充不足的情况下，造成能量负平衡，动员分解体内的脂肪储备，脂肪大量分解，甘油三酯在肝脏中蓄积过量形成脂肪肝，导致肝脏功能失调。

2. 奶牛内分泌失调　奶牛在妊娠、分娩、泌乳等因素作用下，导致肾上腺功能不全，使糖异生作用下降，结果使血糖降低而发病。遗传因素也有一定影响，脂肪肝的发病率与牛的品种有关，尤其中国荷斯坦牛发病率较高。

3. 其他原因　如奶牛发生前胃弛缓、皱胃移位、乳热症等疾病，都可继发脂肪肝。

【临床症状】　病初食欲减退，产奶量下降，先拒食精饲料，后拒食青贮饲料，只吃少量干草，有时出现异食癖。同时，病牛精神不振，不愿走动，体重快速下降，粪便干硬，有时排稀粪，瘤胃蠕动减弱或停止，有轻微腹痛。一般体温、呼吸、脉搏正常。严重的脂肪肝如不及时治疗，往往会在短时间内死亡，或者继发感染其他疾病。患轻度和中度脂肪肝的病牛，约经1.5个月的时间可能自愈，但产奶量不能完全恢复，免疫力和繁殖力均受到影响，容易因伴发其他疾病而留下后遗症。脂肪肝病牛某些血液生化指标也会发生相应的变化，如血糖含量下降，游离脂肪酸浓度上升，天门冬氨酸氨基转移酶上升，血中胆红素的含量也有所升高，血镁含量比正常牛低，这可能是脂肪分解使血液中游离脂肪酸含量过高的结果。

【诊　断】　奶牛患脂肪肝后，临床症状通常不明显，单纯依据临床症状很难做出确诊。诊断时首先应了解病史，特别是参考母牛产犊时间、饲料组成、营养水平、泌乳量及产前产后的体况变化，这些将为确切诊断提供有价值的参考。比较准确可靠的诊断方法有肝组织活检和血液生化成分分析法等。在诊断脂肪肝时，应和酮病加以区别。

【预防和营养调控措施】 预防奶牛脂肪肝的预防和营养调控措施如下:在干奶期奶牛要减少精饲料喂量,与泌乳牛分群饲养,防止产前体况过肥。产前 14 天开始,每日每头奶牛补饲烟酸 8 克、氯化胆碱 80 克、纤维素酶 60 克。加强产后护理,增加优质干草喂量,促进消化功能迅速恢复,防止产后能量负平衡。保证饲粮中的钴、磷、碘、钙等元素充足。分娩后开始补饲丙酸钠,每日 110 克,连补 42 天。加强运动,产后要逐渐增加精饲料,防止消化不良。胰高血糖素可通过提升血糖水平增加胰岛素的分泌,胰岛素则能抑制脂肪动员,降低酮体的生成和肝脂的沉积,国外学者正在开展应用胰高血糖素防治酮病和脂肪肝的试验研究,结果证实胰高血糖素通过调控葡萄糖分解和糖异生作用来改善碳水化合物的代谢而维持血糖浓度,同时胰高血糖素能加速脂肪分解,促进脂肪组织中脂肪酸的利用,减少肝内脂肪沉积。

【治　疗】 用50%葡萄糖注射液 500 毫升,静脉注射,每日 1 次,连用 5 天为 1 个疗程,在应用葡萄糖的同时,肌内注射倍他米松 20 毫克;随饲料内服丙二醇或甘油 250 毫升,每日 2 次,连用 2 天,随后改为 110 毫升,再用 3 天,效果较好;肌内注射地塞米松磷酸钠 20 毫克,配合口服甘油,连用 2～3 天;每日口服烟酸 15 克、氯化胆碱 60 克、纤维素酶 60 克,连用 7 天;也可采用肾上腺皮质激素和胰岛素,同时配合应用高糖和 2%～5%碳酸氢钠注射液进行治疗。此外,水合氯醛能增加瘤胃中淀粉的分解,促进葡萄糖的生成和吸收。因此,可考虑投给水合氯醛,开始口服 30 克,随后减为 7 克,每日 2 次。连服数日即可。

青草搐搦

青草搐搦又称低血镁症、泌乳搐搦等,是奶牛一种常见的矿物质代谢障碍性疾病,多发生于夏季高温多雨时节,尤以产后处于泌乳盛期的母牛多见。临床上以呈现兴奋、痉挛等神经症状为主要特征。

【病　因】 主要是饲草中镁含量较低，当奶牛大量采食含钾离子高的饲草、饲料后，奶牛血液中钾离子增高，抑制机体对镁离子的吸收，或饲草中镁含量过低，导致牛血镁含量降低。另外，日粮中含氮量高，牛采食后在瘤胃内可产生大量氨，氨与镁易形成硫酸铵镁而使镁离子的吸收受到影响，造成血镁过低，引起牛缺镁性痉挛。饲草种类搭配不当，禾本科牧草含镁量低于三叶草及其他双子叶牧草，尤其是幼嫩青草镁离子含量低于成熟牧草，若奶牛平时只饲喂禾本科牧草或幼嫩青草，就减少了镁的摄入量。

【临床症状】 本病的前驱症状是在发病前 1～2 天病牛呈现食欲不振、不安、兴奋等类似发情的表现。有的精神沉郁、呆立、步样强拘、后躯摇晃等。

1. 急性型 病牛在正常采食中突然抬头哞叫，盲目乱走，随后倒地，发生间歇性肌肉痉挛，在 2～3 小时内反复发作，最后导致呼吸中枢衰竭而死亡。

3. 亚急性型 病牛精神沉郁，步态踉跄，随之呈现感觉过敏、不安和兴奋，全身肌肉震颤、搐搦，眼瞬膜露出，牙关紧闭或磨牙（空嚼），耳、尾和四肢肌肉强直，全身呈现间歇性和强直性痉挛发作而倒地不起。

3. 慢性型 多发生于泌乳性能高的奶牛，病情逐渐恶化，历时较长，发生运动失调和意识障碍等症状，结局多死亡。病牛对轻微刺激反应敏感，头颈、腹部和四肢肌肉发生震颤，甚至强直性痉挛，角弓反张，不能站立。体温在 38.3℃～39.4℃，脉搏增数（82～105 次/分），呼吸促迫（60～82 次/分及以上），在间歇性痉挛发作中，可视黏膜发绀，呼吸困难，心音混浊、不清，心律失常，口角流出泡沫状唾液，排泄水样软便，尿频等。

【诊　断】 根据病史和临床症状可做出初步诊断，根据治疗效果和血镁水平即可确诊。应与破伤风、酮病（神经型）、乳热症、亚硝酸盐中毒等病相区别。

【预防和营养调控措施】 加强草场管理，对镁缺乏土壤应施用含镁化肥，当然其用量按土壤 pH、镁缺乏程度和牧草种类而有所差别。为提高牧草含镁量，可使用含镁的肥料，如用含钙的菱镁矿粉、镁石灰石或氧化镁等。也可用 2%硫酸镁溶液喷洒草地，每 100 平方米草场撒布 3 千克硫酸镁溶液（2%浓度）。同时，要控制钾肥施用量，防止破坏牧草中镁、钾之间的平衡。要对放牧牛群进行适应放牧的驯化，在寒冷、多雨和大风等恶劣天气放牧时，应避免应激反应，防止诱发低血镁症。所以，对放牧牛群，在放牧前 1 个月就应进行驯化，使其具有一定适应能力。放牧牛群，尤其是带犊母牛，在放牧前 1～2 周内可在日粮中添加镁制剂补饲；在本病易发病期间，除半天放牧外，宜在补饲野草和稻草的同时，在饮水和日粮中添加氯化镁、氧化镁和硫酸镁等，每日每头补饲量以50～60 克为宜。最近，有些国家为预防本病发生，在牛网胃内置放由镁、镍和铁等制成的合金锤（长约 15 厘米）任其缓慢腐蚀溶解，可在 4 周内起到补充镁的作用。

【治　疗】 用氯化钙 30 克、氯化镁 8 克，溶解于 250 毫升蒸馏水中，煮沸消毒后缓慢静脉注射。还可将 8～10 克硫酸镁溶解在 500 毫升 10%葡萄糖酸钙注射液中，在 30 分钟内缓慢静脉注射，疗效较好。

除上述药物治疗外，可针对心脏、肝脏、肠道功能紊乱等情况，给予对症疗法的药物，以强心、保肝和止泻为主，必要时应用抗组胺制剂进行治疗。

产后血红蛋白尿症

产后血红蛋白尿是在奶牛产后或寒冷季节发生的，以排出血红蛋白尿为特征的一种疾病。本病多发于高产牛，尤以 3～6 胎的奶牛多发。由于本病发病急骤，病势发展迅速，治疗不及时或错误诊治，病牛通常在 2～3 天死亡。

【病　因】 奶牛在干旱年度的缺磷草场上放牧，或舍饲牛群饲喂上述草场收割的青干草，或单纯饲喂磷含量仅占干物质

0.1%的块根类饲料、甜菜叶及其残渣，或饲喂含硫氰酸盐等溶血因子的十字花科植物如芜菁、甘蓝等多汁饲料，致使奶牛红细胞膜磷脂丧失、红细胞存活期缩短，引发溶血，是本病发生的主要原因。此外，泌乳过多，使矿物质尤其是磷大量丧失，得不到及时补充，也是导致本病的诱因。

【临床症状】

1. 急性型 此型病牛在分娩后1周内发病，发病非常突然，分娩后病牛表现精神不振，食欲降低，反刍减弱，走路蹒跚，周身乏力，尿液由淡粉色逐渐变为酱油色，最后趴卧不起，饮食欲废绝，反刍停止。病牛体温降低，末梢冷凉，肌肉震颤。体表常出汗，心跳快弱，静脉压降低，瘤胃蠕动音减弱乃至消失。可视黏膜重度苍白，如不予治疗，病牛在发病后2～3天死亡。

2. 慢性型 发病于泌乳高峰之后的妊娠中后期。牛逐渐呈现消化功能减弱，渐渐消瘦衰竭，起卧较为困难，运步缓慢，周身乏力，泌乳量明显下降，乳汁稀薄。呼吸喘粗，心音亢进加速，可视黏膜逐渐苍白，尿液颜色逐渐加深乃至酱油样，病程可达1～2周，如能及时确诊治疗，均可痊愈。

【诊　断】 根据临床症状和尿液检查不见红细胞，血液检查，红细胞数、血红蛋白、红细胞压积降低，血红蛋白由正常50%～70%降到20%～40%；血磷降低，由正常的7毫克降至4毫克或3毫克，即可确诊为产后血红蛋白尿。

【预防和营养调控措施】 加强奶牛的饲养管理，尽量多喂含钙、磷丰富的饲料，尤其是妊娠后期和泌乳期更要增加饲料中钙、磷的含量。对奶牛要进行科学喂养，最好喂给全价的配合饲料。发病后的病牛应立即停喂含磷低的油菜、甜菜等饲料，补饲磷含量较多的饲料，如麸皮、米糠、骨粉、石粉、豆饼等含磷丰富的饲料等。从泌乳开始起2个月内，补饲含磷量较多的添加剂，成年牛维持量为20克，每产1千克奶要增补1.6克，以含磷量较多的麸皮来计算，饲喂的麸皮量不应少于20克。

【治　疗】 治疗原则根除病因，又要补充营养促进红细胞的新生。

20%磷酸二氢钠注射液500毫升、10%葡萄糖注射液1 000毫升，一次缓慢静脉滴注，每日1次，连用3天；维丁胶性钙注射液20毫升，一次肌内注射，每日1次，连用3天；25%葡萄糖注射液1 000毫升，一次静脉注射，每日1次，连用3天；口服骨粉200克，每日1次，连用7天。经过3天的治疗，病牛即可痊愈。严禁用磷酸二氢钾替代磷酸二氢钠来治疗血红蛋白尿，因为高浓度钾离子注入血液后对心脏有影响，很容易造成病牛死亡。

参考文献

[1] C. K. Reynolds, B. Dürst, B. Lupoli, et al. Visceral Tissue Mass and Rumen Volume in Dairy Cows During the Transition from Late Gestation to Early Lactation [J]. J. Dairy Sci, 2004, 87:961-971.

[2] Herdt, T. H. Ruminant adaptation to negative energy balance. Influences on the etiology of ketosis and fatty liver [J]. Vet. Clin, 2000, 16:215-230.

[3] Phillippo, M., G. W. Reid, and I. M. Nevison. Parturient hypocalcemia in dairy cows: effects of dietary acidity on plasma minerals and calciotrophic hormones[J]. Res. Vet. Sci, 1994, 56:303-309.

[4] R. P. Radcliff, B. L. McCormack, B. A. Crooker, et al. Plasma Hormones and Expression of Growth Hormone Receptor and Insulin-Like Growth Factor-I mRNA in Hepatic Tissue of Periparturient Dairy Cows[J]. J. Dairy Sci, 2003, 86:3920-3926.

[5] A. Pezeshki, J. Mehrzad, G. R. Ghorbani, H. R. Rahmani, R. J. Collier and C. Burvenich. Effects of Short Dry Periods on Performance and Metabolic Status in Holstein Dairy Cows., J. Dairy Sci. 2007. 90:5531-5541.

[6] James K. Drackley. 过渡期奶牛的营养之谜[J]. 马建宁,译. 奶牛养殖. 2006(8):32-36.

[7] 葛利江,吴志杰,陈建鳌,等. 关于奶牛发情周期及围产期体温变化规律的研究[J]. 黑龙江畜牧兽医,1995(11):3-5.

[8] 赵兴绪. 家畜产科学[M]. 北京:中国农业出版社.

[9] 豁银强,邓卫东,毛华明. 围产期奶牛的营养策略[J]. 中国奶牛,2006(8):11-15.

[10] 李秀霞. 泌乳初期奶牛的能量需求[J]. 江西畜牧兽医杂志,2006(2):21-22.

[11] 刘晓峰,杨旺. 解决高产奶牛能量负平衡的有效方法[J]. 奶牛杂志,2006(11):14-20.

[12] 潘志忠,周昌芳,谢光洪,等. 奶牛真胃变位发病机理研究进展[J]. 动物医学进展,2005,26(11):42-45.

[13] 闫际平,辛杭书,刘雷,等. 奶牛围产期几种常见代谢病的营养调控措施[J]. 今日畜牧兽医,2007(5):15-16.

[14] 宋洛文,徐照学,孙福辰. 奶牛高产新技术[M]. 郑州:河南科学技术出版社,1999.

[15] 梁学武. 现代奶牛生产[M]. 北京:中国农业出版社. 2002.

[16] 张力,陈桂银. 奶牛饲料科学配制与应用[M]. 北京:金盾出版社,2007.

[17] 张克春,谭勋. 围产期奶牛葡萄糖、脂肪和钙代谢的研究动态[J]. 乳业科学与技术,2007(2):92-94.

[18] 李大刚,王宏. 通过乳尿素氮含量对奶牛日粮营养状况的评价[J]. 中国饲料,2005(15):8-11.

[19] 陈晨,张永根."犊牛岛"培育犊牛技术及其应用效果[J]. 中国奶牛,2006(11):44-46.

[20] 薛萍,王括,严群芳. 奶牛瘤胃酸中毒的发病机理与营养[J]. 畜牧与兽医,2005,37(6):46-50.

[21] 张金钟,高腾,白明祥. 荷斯坦妊娠牛产前体温变化与分娩关系的研究[J]. 中国奶牛,1999(5):20-21.

[22] 唐宏伟,刘莉莉,徐世文. 奶牛乳房水肿的发生机制[J]. 中国奶牛,2006(4):36-38.

[23] 毕丁仁,谭永龙,赵波. 奶牛产后生殖功能监控[J]. 中国奶牛,2005(2):37-38.

反刍不规则，排泄量少而次数增多。分娩时初产奶牛表现食欲不振、轻度不安、时起时卧、徘徊运动、尾根翘起、常做排尿姿势，但经产奶牛一般只表现不安。胎儿排出期母牛高度不安，时起时卧，前肢着地，后肢踢腹，回顾腹部，最后侧卧，四肢伸直，强烈努责。

二、体温、呼吸和脉搏

（一）体温　奶牛体温变化受其丘脑下部的体温调节中枢控制，一般白天比夜间高，并以午后为最高，早晨为最低。奶牛分娩前 2 个月的体温比分娩后 1 个月高 0.59℃，产前 2 个月的奶牛体温始终保持在平均 39℃以上，分娩前 2 周体温平均在 39.4℃以上，分娩前 12 小时左右体温逐渐下降至 38.7℃±0.15℃，待胎儿排出时体温下降至最低点，产后 12 小时体温逐渐上升至 38.7℃±0.15℃，多数奶牛在胎衣正常排出后继续保持此温度。少数胎衣正常排出的牛分娩后体温回升到 39℃～39.3℃，持续 2～6 天。胎衣不下的奶牛产后高温（39℃～39.5℃）期持续 15～20 天后才逐渐下降至正常体温。奶牛产前 7～8 天体温可缓慢增高至 39℃～39.5℃，产前 12 小时左右（有时 3 天）则下降 0.4℃～1.2℃，分娩过程中或产后又恢复到分娩前的体温（图 1-1）。

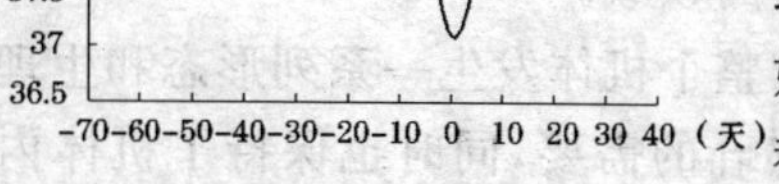

图 1-1　围产期奶牛体温变化曲线

（二）呼吸和脉搏　围产前期，由于胎儿的增大，母牛横膈膜受压，同时胎儿需氧量增加，母牛的呼吸变快、变浅，由胸腹式呼吸变为胸式呼吸。整个分娩后期，由于子宫血流量增加，都有妊娠脉搏（孕脉）的存在，在产后第四天消失。分娩期母牛呼吸、脉搏都加快，子宫开口期脉搏增至 80～90 次/分，胎儿产出期达 80～130 次/分，胎衣排出后逐渐恢复正常。

第一章　奶牛围产期生理状态及特点

第一节　奶牛围产期生理状态

奶牛围产期亦称为过渡期，是指奶牛分娩前后一段时间的总称，一般指妊娠后期（产前 2～3 周）至泌乳初期（产后 2～3 周）这一时期。其产前时间的长短尚无明确的标准可遵循，一般定为产前 2 周左右，产后可计算至生殖器官复原为止。欧美国家将整个泌乳周期划分为 6 个阶段，将干奶后期（即产前 3 周）至泌乳初期（产后 2～3 周）统称为围产期。也有人根据泌乳奶牛阶段饲养的划分，把产前 60 天至产后 60 天称为围产期。通常将产前 21 天称为围产前期，而将产后 15 天称为围产后期。围产期是奶牛整个泌乳期最重要的一个时期，在这一时期奶牛经历了干奶、分娩和泌乳 3 个不同的生理阶段，奶牛的营养、生理和代谢状况发生很大变化，尤其在初产奶牛，这种变化带来很大的生理性应激，常给生产和管理带来许多难题，因而该阶段也成为奶牛泌乳周期乃至一生中最关键的时期。因此，这一时期的管理与奶牛生产效益直接相关，管理的成功与否将会影响奶牛产后的健康、繁殖配种和泌乳。与这一阶段相适应的饲养管理技术和营养供给十分重要，现已成为全世界奶牛营养研究最集中的领域。

围产期奶牛的生殖器官和整个机体发生一系列形态和生理上的变化，以适应妊娠、分娩与泌乳的需要，同时也保持了机体内环境的稳态，其全身和各系统的生理变化如下。

一、精神状态

母牛在产前精神沉郁、徘徊不安、时起时卧、食欲不振、采食和

三、生殖泌尿器官

(一)围产前期 即妊娠后期。这一阶段都有黄体存在,妊娠黄体同周期黄体没有显著差别。妊娠黄体的重量在个体之间差异很大,与妊娠的时间无关。卵巢和子宫的位置随着妊娠的进展而变化,由于胎儿逐渐增大和胎水增多,子宫壁扩张变薄,子宫重量增加,容积增大,张力提高,子宫内压也升高,子宫肌纤维高度伸张,子宫肌活动减弱,黏膜增厚,子宫血管变粗(尤其是子宫中动脉和子宫后动脉),子宫颈收缩。黏液形成的宫颈塞封闭子宫通道,在分娩前开始软化,流入阴道,有时吊在阴门外,呈透明索状,有时黏液流出阴门。卵巢和子宫韧带肥大,卵巢和子宫下沉到腹腔。随着胎儿的增大,在妊娠中期被拉入腹腔的子宫颈又被推回到骨盆腔前缘。妊娠 100 天的青年母牛,在骨盆前下方 8～10 厘米处可摸到妊娠侧卵巢,未妊娠一侧的卵巢则比较靠近骨盆腔。骨盆韧带开始软化,产前 12～36 小时荐坐韧带后缘变得非常松软,外形消失,荐骨两旁组织塌陷,在此只能摸到一堆松软组织,但初产奶牛不明显。阴道黏膜苍白干燥,表面覆盖黏稠的黏液,分娩前约 1 周阴唇逐渐软化、肿胀,表面皱襞展平增大 2～3 倍。近分娩时,妊娠牛排尿次数增加,但每次尿量减少,尿液中出现蛋白质。乳房极度膨胀增大、皮肤发红,乳头中充满白色初乳,乳头表面覆盖一层蜡样物质,在产前几天乳头可挤出少量清亮胶样液体。有些奶牛出现漏乳现象,乳汁呈滴状或股状流出,漏乳开始后约 1 天即分娩。乳腺导管和腺泡发育完全,准备泌乳。

(二)分娩期 分娩期是从子宫开始出现阵缩起至胎衣排出为止。在这一时期,胎儿丘脑下部-垂体-肾上腺轴对奶牛分娩的发动起着决定性的作用。一般分为 3 个时期,即子宫开口期、胎儿产出期和胎衣排出期。子宫开口期是从子宫开始间歇性收缩起,至子宫颈口完全开口,与阴道之间的界限完全消失为止,持续 0.5～24 小时,特点是只有阵缩而不出现努责;胎儿产出期是指从子宫

颈口完全开张至胎儿排出为止，持续 3～4 小时，其特点是阵缩和努责共同作用，而努责是排出胎儿的主要力量，它比阵缩出现得晚，停止得早；胎衣排出期是指从胎儿排出后起，至胎衣完全排出为止，持续 2～8 小时，最长不超过 12 小时，其特点是当胎儿排出后，母牛即安静下来，经过几分钟后子宫主动收缩，有时还配合轻度努责而使胎衣排出，奶牛只有阵缩而不出现努责。

在分娩期，子宫肌肉有节奏的阵发性收缩，即阵缩，这是分娩的主要动力。骨盆子宫颈部在妊娠时紧闭，分娩前 1～2 天开始肿大，并变得松软，原来封闭子宫颈管的黏液流入阴道，有时从阴门中流出，呈透明、拉长的线状，在分娩时子宫颈扩张。分娩前以及分娩时，骨盆韧带、阴道、前庭、阴门也相应变得松软，有弹性，能扩张。阴道黏膜潮红，黏液由极度黏稠变为稀薄滑润。阴唇逐渐柔软、肿胀、增大，阴唇皮肤上的皱襞展平，皮肤稍变红。分娩刚开始时，子宫收缩短暂、无规律、力量不强，以后随着分娩的进行，收缩变得持久、规律，有力，每次阵缩都是由弱到强，持续一段时间后又减弱消失，每次阵缩之间有一间歇而不是持续的收缩。分娩能否顺利进行，主要取决于 3 个因素，即产力、产道和胎儿。若三者正常，分娩就能顺利进行，否则就会造成难产。

子宫肌的收缩由子宫底部开始，向子宫颈方向进行，其特点是具有间歇性。在开口期的中期每 15 分钟阵缩 1 次，每次持续约 30 秒，随后阵缩频率增高，可达每 3 分钟阵缩 1 次，至开口末期达每小时阵缩 24 次，产出胎儿前达 24～28 次；胎儿产出期每 15 分钟阵缩约 7 次，每次持续约 1 分钟，每阵缩数次后间歇片刻，整个胎儿产出期阵缩达 60 次或更多；胎衣排出期每次阵缩 100～130 秒，间歇 1～2 分钟。母牛血液中的乙酰胆碱和缩宫素均有促进子宫肌收缩的作用。由于乙酰胆碱和缩宫素的作用是时强时弱，所以子宫的收缩是具有间歇性的阵缩，这对胎儿的安全是非常重要的。如果收缩没有间歇性，那么由于胎盘上的血管受到持续性压迫，血液循环中断，胎儿缺少氧气供应，在胎儿排出缓慢时，就可能

发生窒息。胎儿排出时，脐带从皮肤脐环之下被扯断，胎儿和母体分离。

(三)产后期 即从胎衣排出到生殖器官恢复原状的一段时间。产后期生殖器官的主要变化如下。

子宫开始复旧，即妊娠子宫的各种变化恢复到原来状态。产后期生殖器官中变化最大的是子宫，其在妊娠期中所发生的各种改变，在产后期都要恢复到原来的状态，这称为复旧。子宫复旧需要 9～12 天，且与卵巢功能的恢复有密切关系。卵巢如能迅速出现卵泡活动，即使不排卵，也会大大提高子宫的紧张度，促进子宫的变化。如卵巢的功能恢复较慢，无卵泡发育，可引起子宫长久弛缓，导致不孕。子宫复旧的速度因奶牛的年龄、胎次、是否哺乳、产程长短、是否有产后感染或胎衣不下等而有差异。健康状况差、年龄大、胎次多、哺乳、难产和双胎妊娠、产后发生感染或胎衣不下的母牛复旧较慢。

胎儿和胎衣排出后，子宫开始收缩。在产后第一天大约 1 分钟 1 次，以后逐渐减少到每 10～12 分钟 1 次。这种收缩使妊娠期间伸长的子宫肌细胞缩短，子宫体积迅速缩小，子宫壁很快变厚，浆膜和黏膜上都出现许多纵行皱襞，并和肌肉层的联系疏松。随着时间的推移，子宫壁中增生的血管变性，部分被吸收，一部分肌纤维和结缔组织也变性而被吸收，剩下的肌纤维变细。子宫壁逐渐变薄，但子宫并不会完全恢复到原来的大小及形状。因而经产多次的子宫比未生产过的要大，且松弛下垂。

分娩以后，子宫黏膜发生再生现象，一部分黏膜实质变性萎缩并被吸收。黏膜表层变性脱落，子宫腺上皮增生而长出新的黏膜上皮。再生过程中变性脱落的母体胎盘、残留在子宫内的血液、胎水和子宫腺的分泌物混在一起排出，这种混合液体称为恶露。奶牛恶露很多，产后 3～4 天大量流出，持续时间较长。最初 2 天恶露量多，因含血液而呈暗红色，以后其中含有白色分解的母体胎盘碎屑，呈黏液状，颜色逐渐变淡，血液减少，大部分为子宫颈和阴道

分泌物，呈黄褐色，最后变为无色透明，10～20 天停止排出。如果有腐臭气味，则说明有胎盘残留或产后感染。如果恶露排出期延长，3 周以后仍排出者，且色泽、气味反常或呈脓样，表示有子宫感染，应及时予以治疗。

子宫颈的收缩从内口开始，产后 1～2 天子宫颈一般就收缩到手仅能勉强通过，3～4 天仅能伸入两指，5～7 天 1 根手指也不易伸入，但在恶露停止以前封闭并不紧密。如有胎衣不下，收缩更慢。到产后 40(32～46)天，子宫完全恢复原状。

奶牛胎盘的复旧过程是血管发生变性，胎盘组织缺血、变性、分解、脱落及部分被吸收，至产后 10 天左右仅为一凸起。从产后 12～14 天开始，胎盘之间的黏膜上皮细胞增生；产后约 20 天，子宫阜恢复原状；30 天左右子宫阜上有新的上皮覆盖。

奶牛卵巢中的黄体虽然在妊娠末期就有变性现象，但仅在分娩后妊娠黄体才开始萎缩并被吸收，所以产后第一次发情较晚。在分娩后 4～5 天，阴道、阴道前庭、阴门和骨盆及其韧带逐渐恢复原状，但阴道、前庭和阴门并不完全恢复到原来的大小。奶牛腹下的妊娩水肿逐渐消失，一般在 10 天左右消散。分娩后乳房的水肿，在产后数天才消失。

四、消化器官

一般奶牛妊娠前期由于营养改善，表现为被毛光亮，体重增加，而至妊娠后期则由于胎儿快速生长，胃肠容积减小，为适应胚胎生长发育的营养需要，奶牛同化代谢增强，表现为食欲增加，对饲料的消化和吸收功能亢进，但消化力不足，母体本身反见消瘦。胎儿对矿物质的需求增加，尤其是对钙和磷的需求增加，致使母牛自身矿物质的含量相对减少，易发生行动困难，有时牙齿也受到损伤。由于脂肪在肝脏渗透程度的增加，肝脏的正常功能被削弱，肝脏对氨的解毒作用以及将其转换成尿素的能力减弱，易发生脂肪肝，正常的肝功能几乎丧失，肝脏对内毒素的解毒能力减弱并且会

使奶牛对内毒素的攻击变得非常敏感，甚至会引起死亡。肝脏对糖的消化率提高，肝糖增多。分娩后，由于脂肪动员，肠系膜脂肪减少，瘤胃干物质体积和液体吸收速率增加，但是液体体积没有增加。在产后 10 天奶牛对干物质的吸收增加，瘤胃乳头数量增加，内脏重量变化不大。产后 22 天前网胃、小肠、大肠和肝脏的重量增大。

五、血液及血液循环系统

围产前期，心脏代偿性肥大，血容量增大，血凝和血沉加快，碱储减少。骨盆血管内血量增加，静脉淤血，毛细血管扩张，血液的液体部分渗出管壁，浸润周围组织。子宫血流量增加，血管扩张变粗，尤其是动脉血管内膜皱褶变厚，而且和肌肉层的联系疏松。血钙在产犊前最后几天下降，分娩时达到最低，由于小肠、肾脏和骨骼对高钙需求的适应需花费几天时间，因此血浆钙浓度通常在分娩后几天才回到正常水平。产后奶牛血液中总蛋白、碱性磷酸酶、血钙、血清无机磷、血清葡萄糖、甘油三酯、尿素氮低于妊娠后期。

围产前期，奶牛全血黏度、全血还原黏度、红细胞聚积指数、红细胞压积、血浆黏度等均呈下降趋势，分娩后全血黏度、全血还原黏度、红细胞聚积指数、血浆黏度等均迅速升高，奶牛进入高泌乳持续期前，伴随着红细胞压积急剧降至低水平状态，全血黏度、红细胞聚积指数开始再次降至低水平。头胎奶牛围产期血液生化成分变化见图 1-2。

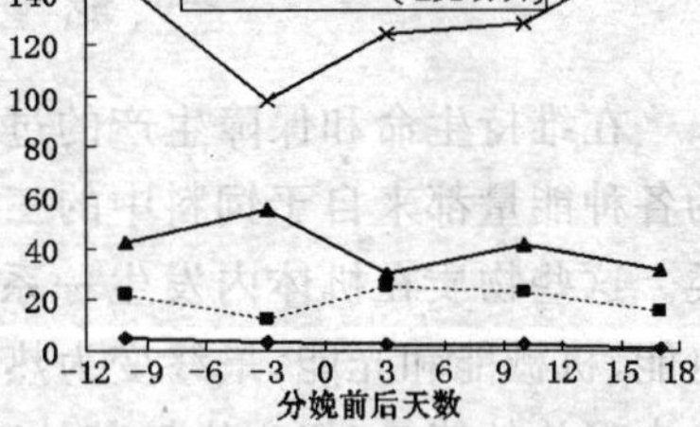

图 1-2　头胎奶牛围产期血液生化成分变化曲线

六、内分泌

内分泌状态发生剧烈变化是奶牛围产期的一个重要特征。在围产前期，奶牛需调整体内状态，为分娩和泌乳做准备。在妊娠时，甲状腺、甲状旁腺、肾上腺和垂体表现妊娠性增大和功能亢进，而分娩时血浆甲状腺素下降50%，然后又开始增加。雌激素浓度在妊娠中后期升高，分娩前几天急剧上升，产犊时迅速下降。孕酮含量在整个妊娠期维持高水平，产犊前几天才迅速下降，缩宫素、肾上腺皮质激素和血钙也在分娩前几天下降。在奶牛由围产前期逐渐进入泌乳前期的过程中，血浆胰岛素下降，生长激素增加。糖皮质激素和促乳素在产犊当日增加，分娩后的第二天回到分娩前水平。缩宫素和肾上腺皮质激素含量也在分娩前上升。有关围产期激素的变化见本章第二节内容。

第二节　奶牛围产期生理特点

围产期奶牛在营养需求、生理和代谢等方面发生极大的变化，需要调节自身葡萄糖代谢、脂肪酸代谢和矿物质代谢，以适应妊娠、分娩和泌乳的需要。这一时期奶牛具有以下生理特点。

一、能量负平衡

在维持生命和保障生产的过程中，与其他动物一样，奶牛所需的各种能量都来自于饲料中的三大营养物质，即蛋白质、脂肪和糖类。这些物质在机体内发生一系列的变化，转变为化学能、热能、电能、机械能和光能，最终变为热能释放出体外。通过这些物质转化中释放的能量，奶牛维持其处于清醒和安静状态，并保持体温以及消化道内食物的空虚（即饥饿）等基本的生理活动，同时也满足了生产所需。因此，可根据机体所产生的热量判定能量的水平，并在所采食饲料的能量值与所释放热能的基础上确定机体能量代谢

是否平衡。奶牛产后采食的营养物质与产奶所需要的营养物质之间存在一个时间差，能量的供给常不能满足奶牛维持自身、胎儿发育和产奶的能量需求而导致能量负平衡，其程度和持续时间多取决于采食量和泌乳量。

（一）能量负平衡的产生及发展 在围产前期，胚胎的器官和组织继续发育直到形成个体并生长成熟，胎儿体重增加很快，胎儿的体积呈几何级数增长。妊娠 210～270 天，胎儿体重增长为 210 天时的 3 倍。胎儿生长发育所需的营养完全靠胎盘从母体中获取，由于胎盘对物质的转运存在选择通透性，可允许气体、葡萄糖、氨基酸、水溶性维生素等小分子物质和离子以不同方式通过胎盘，而大分子物质如蛋白质、磷脂、甘油三酯等一般都不能通过。因此，胎儿主要靠葡萄糖提供能量合成糖原、脂肪，靠氨基酸提供氮源合成蛋白质。由于胎儿发育所需营养成分的增加，机体营养代谢加快，尤其是矿物质和干物质的需求增加，引起母体相应营养成分含量相对减少，而此时母体还需为分娩和泌乳做准备，随着机体内分泌状态发生急剧改变，机体对能量的摄入却减少。而奶牛分娩后，产奶量会迅速增加，需要大量的营养来满足产奶的需要。由于产犊应激，内分泌以及体液酸碱平衡的机体内环境发生了改变，引起奶牛前胃功能减弱，干物质采食量降低，虽然奶牛干物质采食量在产犊后逐渐增加，但母牛对饲料干物质的采食高峰通常在产后 3 个月左右开始（一般比泌乳高峰要延迟 4～6 周），而产奶量在产后 1 个月左右才达到高峰。因此，在泌乳早期，奶牛采食干物质的能量不能满足奶牛泌乳需要而导致能量负平衡状态。

奶牛能量负平衡一般从分娩前的几天内发生，并在分娩 2 周以后出现负平衡的最高峰。其严重程度主要取决于奶牛的产奶量与产后的饲养管理水平。一般来说，奶牛产奶量越高，饲养管理水平越低，越易发生能量负平衡，而且较为严重；相反，奶牛产奶量越低，饲养管理水平越高，则能量负平衡相对较轻。因此，能量负平衡是奶牛尤其是高产奶牛生产中不可逾越的鸿沟。从对两头体重

650千克、产奶量分别为6 000千克和8 000千克、乳脂率为3.5%的奶牛在泌乳期前20周每日的能量需要分析(表1-1)可以看出，一头体重650千克、产奶量为6 000千克的奶牛，其产奶高峰期负平衡程度为0.08兆卡产奶净能(McalNEL)，折算体重为16克，即该奶牛每日会损失16克体重，可通过增加50克精饲料来解决。产奶8 000千克的奶牛，其负平衡程度为7.08兆卡产奶净能，折算体重为1 383克，即每日损失1 383克体重，而需要补充精饲料则达到4.3千克，这在生产中无法实现。可见高产奶牛能量负平衡不能通过自身调节来解决，而且越是高产的奶牛其能量负平衡越严重。

表1-1 奶牛泌乳期前20周每日的能量需要

产奶量(千克)	维持需要产奶净能(兆卡产奶净能)	运动需要(兆卡产奶净能)	产奶需要(兆卡产奶净能)	普通日粮提供能(兆卡产奶净能)	负平衡程度(兆卡产奶净能)	折算体重(克)	折算精饲料量(千克)
6000	10.03	0.05	21	31	−0.08	16	0.05
8000	10.03	0.05	28	31	−7.08	1383	4.3

(二)能量负平衡的危害 奶牛泌乳早期要经历一段能量负平衡的过程。当奶牛机体处于能量负平衡状态时，体脂分解，体重迅速下降，往往出现体脂代谢障碍，导致奶牛发生酮病和脂肪肝；能量负平衡时，由于营养失衡，限制了产奶遗传性状的发挥而影响奶牛的产奶量；能量负平衡时，还会影响奶牛的繁殖性能。因此，加强奶牛干奶期和泌乳早期的饲养管理，对奶牛产后瘤胃功能的恢复和缓解能量负平衡是至关重要的。这一阶段营养过多或不足，都会直接影响胎儿的生长和母牛产后的健康。

1. 奶牛体重急剧下降 奶牛产犊后，其摄取的营养除维持自身需要外，主要用于满足产奶的需要。但是产后奶牛产奶量上升较快，这使得从饲料摄取的营养不足以满足迅速增加的产奶需要，常出现能量负平衡。为了缓解能量负平衡和满足泌乳的营养需

要，奶牛开始动用身体的能量储备，首先动用的体组织是体脂肪，脂肪组织的分解产生非酯化脂肪酸；其次动用的是体蛋白，体脂和体蛋白的流失导致奶牛的体重下降。一般情况下，每日平均失重400～500克，但由于饲养管理不当，奶牛泌乳量增加而食欲相对较弱等原因，使这种能量负平衡加剧，每日失重可达1 500～2 000克。

2. 以营养代谢性疾病为主的疾病频发 围产期奶牛由于妊娠、分娩、泌乳等一系列生理代谢，机体需要承受各种应激而导致免疫力下降，抗病力降低。从分娩开始至胎儿娩出、胎衣排出，母牛子宫和腹肌间断性收缩较强，尤其在胎儿娩出前（产出期）的0.5～4小时，子宫、腹肌收缩间隔时间短促而强烈，大脑中枢处于高度兴奋状态，内分泌系统活动加强，如雌激素、缩宫素、抗利尿素、甲状腺素、肾上腺皮质激素、去甲肾上腺素等分泌增加。从而表现心跳加强、加快，血压升高，胃肠蠕动减弱，支气管扩张，肝糖原分解加速，血糖升高等一系列高度复杂的应激反应。当分娩活动结束时，机体的这种高度兴奋状态被突然解除，机体各器官的活动突然转入最低水平状态，处于极度虚弱状态。由于胎儿的娩出，腹内压骤然下降。乳房不断膨大，泌乳量不断增加，导致机体体液急剧调整并重新分配，腹内组织器官供血量增多，乳房血液的灌注量增加。其他组织器官如脑、四肢等部位的供血相对不足。孕酮水平突然下降，嗜中性粒细胞功能发生改变，从而造成机体体液分配失衡，组织功能失调，导致发生各种疾病，尤其是代谢性疾病。由于能量负平衡，使得这一时期成为如乳热症、酮病、胎衣不下、子宫内膜炎、皱胃变位、脂肪肝和乳房炎等疾病的高发期。

当奶牛处于能量负平衡状态时，机体分解体脂产生能量来满足奶牛的泌乳需要。在体脂分解过程中会产生游离脂肪酸进入血液，当血液中游离脂肪酸达到一定程度时，脂肪酸不能通过β-氧化进入三羧酸循环而使脂肪代谢紊乱，形成大量的酮体（β-羟丁酸、乙酰乙酸和丙酮），当其超过了自身利用的能力时，就会在体内蓄

积，使奶牛发生酮病。当血糖和胰岛素的浓度较低时，非酯化脂肪酸不完全氧化产生酮体，一部分非酯化脂肪酸（NEFA）在肝脏被重新酯化，贮存于肝脏形成脂肪肝。奶牛产犊前后随着血糖和非酯化脂肪酸含量增加，血液酮体含量和肝脏脂肪含量增加，奶牛体重越大，用于维持所需要的能量越高，引起酮病和脂肪肝的危险越大，严重时甚至危及奶牛生命。

能量负平衡时体脂分解，大量的脂肪酸从体内脂肪组织游离出来进入肝脏，造成肝细胞变性或脂肪沉积，肝糖原合成减少，脂蛋白合成也会降低，脂肪酸在肝内氢化放能，加速了肝内脂肪的合成与沉积，由于体脂肪在肝脏的蓄积，甘油三酯生成增多，超过了肝脏利用甘油三酯的能力，导致奶牛发生脂肪肝，使肝功能降低，糖异生障碍，体脂分解加剧，酮体生成过多，从而进入恶性循环。奶牛肝脏对甘油三酯的利用有 2 个途径：一是经水解作用生成脂肪酸；二是以极低密度脂蛋白的形式运出肝脏外。围产期奶牛肝脏甘油三酯增加，健康奶牛肝脏甘油三酯含量由产前 27 天的 1.8 毫摩/升增加到 11.8 毫摩/升，脂肪肝病牛肝脏甘油三酯含量超过 25 毫摩/升，再加上奶牛缺乏足够的脂蛋白质脂酶和肝酯酶，这就限制了甘油三酯以水解的形式运出肝脏，而只能通过氧化途径代谢。在这种情况下，极低密度脂蛋白成为甘油三酯转运出肝脏的主要途径。奶牛分泌极低密度脂蛋白的速率很低，极有可能引起奶牛脂肪肝。

围产前期，子宫体积急剧增大，迫使瘤胃上移，皱胃在腹腔有迁移空间，发生皱胃变位。引起围产期皱胃变位的病因较多，如低血钙和增加的瘤胃挥发性脂肪酸（VFA）使瘤胃的蠕动减少，皱胃本身产生气体的累积，营养物质不能充分利用而大量损失，而血浆非脂化脂肪酸水平上升，干物质采食量（DMI）和粗饲料与谷物的比例降低等均增加皱胃变位的概率。皱胃变位增加早期淘汰率，常常继发其他代谢紊乱性疾病，而其他代谢紊乱也会增加皱胃变位的发生，造成恶性循环，致使奶牛的生产性能降低。

奶牛能量负平衡时，如果为了尽量减少体重损失而突然大量地增加日粮中精饲料的比例，会导致日粮粗纤维含量偏低，瘤胃挥发性脂肪酸产量增加而吸收减少，奶牛反刍活动和流入瘤胃的唾液量亦减少，当有机物在瘤胃发酵所产生的酸超过其中和及吸收能力时，瘤胃 pH 下降，瘤胃正常的酸碱平衡遭到破坏，导致瘤胃酸中毒，引起瘤胃内纤维降解细菌数量减少，瘤胃蠕动减弱，瘤胃内容物不能及时转化和转运。轻度酸中毒时，尽管奶牛似乎表现临床健康，但干物质采食量和产奶量仍会下降。长期瘤胃酸中毒时，一些细菌和原虫死亡，产生内毒素和组胺，吸收入血液后可导致蹄叶炎。严重的酸中毒极易引起奶牛皱胃变位。

围产前期奶牛为了满足自身和胎儿生长发育对钙的需要，内源性耗钙量增加。分娩后，内源性钙随粪便和尿液排泄的量不变，但随泌乳量的增加，钙的消耗则成倍增加，尤其是在产后数小时内机体对钙的需求量至少增加 2 倍。由于受机体极度虚弱和体液重新分配的影响，胃肠道吸收能力很差，甲状旁腺也难以应付机体内源钙的这种突然变化，即使甲状旁腺调节血钙浓度的功能正常，能够迅速动员骨钙，也不及日需钙量的 50%。因此，这种机体钙供需的严重失衡，导致血钙含量明显下降。干物质摄入量降低等应激也导致钙摄入量下降。此外，高钾离子和低镁离子对钙的吸收也有影响。代谢性碱中毒会破坏甲状旁腺素（PTH）的生理活性，导致骨钙的重吸收过程和 1,25-二羟维生素 D_3 的合成过程受阻，降低了奶牛对钙大量需求的有效调节能力，诱导甲状旁腺素受体发生异构化，使其无法与受体紧密结合，钙稳态调控机制失灵，奶牛无法适应泌乳对钙的需要，出现低血钙症，最终发展为乳热症。

3. 产奶性状不能很好地发挥 奶牛产奶量的高低，很大程度上决定于能量的供给。泌乳早期奶牛产奶量上升很快，而奶牛消化功能减弱影响干物质的采食量，采食的干物质不能满足奶牛泌乳能量的需要，使产奶量下降。能量负平衡限制了奶牛产奶遗传性状的发挥而影响奶牛的胎次产奶量。同时，奶牛泌乳早期日粮

能量的不足，会使奶牛达不到理想的产奶高峰，高峰期所能维持的时间缩短，致使整个泌乳期产奶量大幅度降低。此外，一些代谢性疾病的发生也会加剧奶牛产奶量的降低。

4. 影响奶牛的繁殖性能 有研究表明，奶牛产后第一次排卵出现的时间取决于丘脑下部垂体-卵巢轴和生殖道正常功能的恢复。能量负平衡影响丘脑下部垂体-卵巢轴维持促黄体素脉冲释放的功能，而促黄体素是卵巢卵泡发育与排卵所必需的，低能量不仅抑制了促黄体素的分泌，同时也降低了卵巢对促黄体素刺激作用的敏感性，致使奶牛产后乏情或乏情期延长。

奶牛发生能量负平衡时，为了满足产奶的能量需要，奶牛必须动用自身贮存的脂肪，引起奶牛体重下降，子宫周期性活动、妊娠和早期胚胎发育所需的营养不足，子宫复旧时间延长，从而引起奶牛正常性功能的恢复受阻。严重的能量负平衡引起奶牛产后不发情或即使发情也没有成熟的卵子排出，卵泡发育不良，使其不能按时配种受胎，产后第一次配种受胎率下降，产后第一次排卵推迟，空怀时间延长，产犊间隔加大，降低终身产奶量和产犊数。Johnson等用超声波仪器测量活体脂肪时，认为乳用青年母牛体脂肪降为 8.6%时发情周期即可停止。因此，奶牛能量负平衡直接影响奶牛产后的繁殖活动。

此外，能量负平衡时，矿物质缺乏也影响繁殖性能。缺钙时，引起母牛骨质疏松症，严重缺乏时还可导致胎儿发育受阻甚至死亡，极易引起不孕和流产。缺磷时，奶牛体内胡萝卜素转化为维生素 A 的能力降低，而维生素 A 和维生素 E 不足则是家畜不孕不育的主要原因之一。因此，常导致奶牛卵巢萎缩、屡配不孕、中途流产，或产出生活力很弱的犊牛。奶牛发生矿物质缺乏或钙、磷比例不当时，可导致母牛受胎率下降，还会发生难产、胎衣不下、子宫内膜炎和输卵管炎等产后疾病，致使繁殖指标明显下降。

二、免疫功能变化

围产期奶牛的免疫功能发生巨大的变化。通常在产前3周，先天性和获得性免疫防御机制都减弱，分娩时最弱，持续到大约产后3周。在这一时期，由于产前胎儿迅速生长发育，母牛和胎儿对能量的消耗增多，而母牛瘤胃功能变化，食欲减退，出现能量负平衡，在分娩过程中母牛体力大量消耗，分娩后还需为泌乳做好准备，许多疾病的发生等原因都损害免疫体系，使得母牛抵抗力降低，主要包括嗜中性粒细胞功能降低、淋巴细胞增殖的数量减少、抗体数量和浆细胞的产生减少等。

(一)嗜中性粒细胞 嗜中性粒细胞和外周血液淋巴细胞(PBL)在全身免疫系统及对传染病应答过程中发挥着重要的作用。奶牛嗜中性粒细胞是血液中非特异性免疫系统中的第一线防御细胞，约占白细胞总量的70%。嗜中性粒细胞由骨髓产生并释放到血液循环系统中，通过沿血管内皮内滚动来监控和到达感染点，血管内皮组织局部产生的细胞因子使得嗜中性粒细胞牢固地黏附于感染位点附近，从血管内皮向病原迁移，随后通过吞噬作用清除病原。嗜中性粒细胞的滚动是通过细胞外的嗜中性粒细胞黏附分子(L-选择素)与其他的内皮细胞表面相关的黏附分子之间精细的相互作用介导的。黏附因子L-选择素在此过程中起关键作用。

在围产期，奶牛肾上腺素的分泌达到高峰，致使嗜中性粒细胞L-选择素显著下降，严重削弱了嗜中性粒细胞的吞噬功能，这使得奶牛产后乳房炎和子宫内膜炎的发病率升高，大肠杆菌性乳房炎的严重程度则取决于从外周血液动员嗜中性粒细胞的速度。

(二)淋巴细胞增殖反应 淋巴细胞分为B淋巴细胞和T淋巴细胞，是具有特异免疫识别功能的细胞系。B淋巴细胞产生并成熟于骨髓，占外周血液淋巴细胞的10%～15%，是介导特异性体液免疫应答的细胞。B淋巴细胞具有产生抗体、提呈抗原、分泌

细胞因子、参与免疫调节的功能。

奶牛在分娩前后，淋巴细胞增殖反应能力下降，白细胞免疫应答减弱。从产前3周到分娩时，外周血液中淋巴细胞对促细胞分裂素的免疫反应逐步下降，抗体生成能力减弱，产后2～3周恢复到正常水平。产犊后第一周嗜中性粒细胞对细菌的吞噬能力和杀灭能力下降，分娩期间免疫球蛋白在血浆中浓度下降。有研究认为，生殖激素和肾上腺皮质激素在体内负面调整这一反应，淋巴细胞增殖的减少与抑制反应的细胞或抑制因子的存在有关。分娩前后淋巴细胞应答的变化与乳房炎易感性增加以及围产期激素的改变明显相关。荷斯坦牛在分娩前后，淋巴细胞对有丝分裂原ConA和卵清蛋白的反应性下降。可的松、生长激素，IGF-1在外周血液淋巴细胞对分裂原的反应变化中起作用，只有可的松影响外周血液中淋巴细胞对卵清蛋白的反应，这表明围产期外周血液淋巴细胞的增殖反应变化与激素水平变化有关。分娩时雌激素和皮质醇浓度增加可能是免疫抑制的主要原因，从而增加乳房炎和胎衣不下的发生。

（三）淋巴细胞亚群和黏附分子 在围产期，外周血液、乳腺组织、乳腺分泌物中单核细胞亚群发生很大变化。乳汁中T淋巴细胞降低至16％，到泌乳后期上升至62％；B淋巴细胞和巨噬细胞分别从25％和69％下降到7％和21％。血液中$CD4^+/CD8^+$在分娩前后下降为3∶1，T淋巴细胞亚群的比例明显降低，牛奶中CD4和CD8的比率低于血液。Park等报道，表达ACT2的$CD8^+$细胞可能与乳腺中CD4细胞介导的细胞反应功能丧失有关。有人认为血液和乳腺分泌物中不同淋巴细胞亚类是由于选择性归巢和细胞移行的结果。事实上，各种细胞因子和激素能够影响与淋巴细胞归巢相关的黏附分子的表达，如IL-2和IFN-7下降与白细胞功能下降和围产期乳房炎易感性上升相关。在外周血液和乳腺淋巴细胞中，淋巴细胞选择蛋白和LFA-1的阳性细胞变化不大，但比例变化很大，乳汁中比血液中低。奶牛围产期的传染性疾病

（主要是乳房炎），影响特定的外周血液中淋巴细胞亚群的比率，尤其是CD2和CD8。但围产期前后白细胞数量和功能的改变是围产期因素的结果，还是分娩时发病率升高造成的白细胞功能障碍，仍然存在争议。T淋巴细胞的活化导致L-选择素的减少，可能是为了阻止T淋巴细胞再次进入淋巴结，以促使其在不同组织中的聚集。肾上腺皮质激素能降低L-选择素分泌和T淋巴细胞的数量。

(四)抗体水平 据围产期奶牛卵清蛋白和大肠杆菌J5的抗体水平调查，依抗体动态可将奶牛分为高反应组和低反应组，其中1/3没有表现出抗体水平下降，但在产前8周和产后3周免疫，卵清蛋白的抗体高于平均值，其他牛出现围产期的低反应性。相关分析表明，围产期血清和乳清中，卵清蛋白抗体与血清生长激素的水平呈正相关，与IGF-1呈负相关。

(五)影响免疫抑制的因素 在围产期，神经内分泌-免疫轴是影响宿主防御反应的主要因素。大量生殖、调控、应激激素释放，反过来刺激其他内分泌器官和靶组织，包括免疫系统，如糖皮质激素能够抑制免疫反应。代谢和妊娠的生理应激，分娩和泌乳改变神经内分泌状态，均影响围产期的免疫状况，进而对母子健康产生影响。此外，分娩和泌乳启动所带来的代谢负荷可能引起维持免疫功能所必需的养分缺乏，加剧免疫抑制反应，如长期缺乏能量、蛋白质、维生素A、维生素E、铜、锌、硒和β-胡萝卜素等严重影响免疫功能，尤其在高产奶牛。

三、激素变化

围产期尤其是分娩前后奶牛体内的各种激素发生急剧变化，其中以性激素变化为主（图1-3）。

(一)雌激素(estrogen，E) 雌激素主要来源于卵泡膜内层和胎盘，卵巢的间质细胞和肾上腺皮质也可分泌少量雌激素。奶牛体内的雌激素主要有雌二醇和雌酮，其生物活性以卵巢所分泌的17β-雌二醇

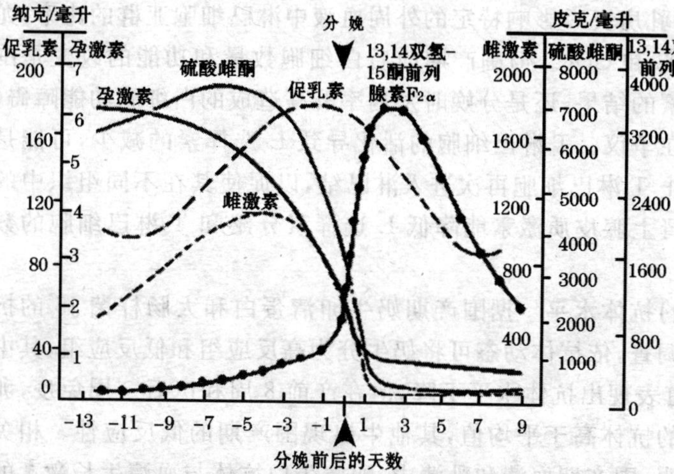

图 1-3 奶牛围产期外周血液中激素浓度的变化

最高，它们在肝脏内转化为雌三醇，最后随尿液和粪便排出。

雌激素在围产期的生理作用因奶牛所处的阶段而不同。在围产前期，由于雌激素逐渐增至高峰，提高了子宫平滑肌的兴奋性和对催产素的敏感性，从而增强了子宫肌的自发性收缩，克服了孕酮对子宫肌的抑制作用，使子宫颈、阴道、外阴和骨盆韧带变松软。另外，雌激素刺激乳腺腺泡和管状系统的生长，与孕酮共同刺激并维持乳腺的发育，使其处于成熟状态。在分娩期，雌激素与缩宫素有协同作用，刺激子宫平滑肌收缩，有利于分娩启动。在泌乳初期，雌激素刺激垂体前叶分泌促乳素，并在促乳素的协同作用下，促进乳腺发育和乳汁分泌。此外，雌激素使阴道黏膜上皮细胞增生角化，糖原含量增加并加速分解，使阴道分泌物呈酸性，增强阴道抗菌能力，还可刺激前列腺素的合成和释放。

在围产前期，雌激素在血液中的量少，随着胎儿皮质醇的增加，胎盘产生的雌激素逐渐增加，尤其是在分娩前 2 周增加较快，到分娩启动时达到高峰，分娩后迅速下降。围产后期，血浆中含量

较低(图 1-4)。

(二)孕激素(progestin,P) 孕激素既是雌激素生物合成的前体,又是具有独立生理功能的性腺类固醇激素。孕激素主要是卵巢黄体细胞和胎盘分泌的大量孕酮,还有 20α-羟孕酮、17α-羟孕酮、孕烯醇酮、孕烷二醇、脱氧皮质酮等。奶牛体内以孕酮(又称黄体酮)的生物活性最高,故孕激素通常以孕酮为代表。孕酮主要在肝脏内降解为孕二醇等代谢产物,随尿液排出体外。

孕酮通过刺激子宫内膜腺体分泌和抑制子宫肌肉收缩而维持妊娠,具有降低子宫肌细胞膜的兴奋性,抑制子宫肌收缩,阻止收缩波的传播,使整个子宫在同一时间不能作为一个整体发生协调收缩的作用,使子宫肌保持安静。大量孕酮还可对抗雌激素,抑制母体对胎儿的排斥反应以及降低子宫肌对缩宫素的敏感性等作用。在围产前期,孕酮使基础体温在排卵后升高 0.5℃左右,并在黄体期维持于此水平,促进乳腺腺泡的发育,使奶牛为泌乳做好准备。分娩前孕酮浓度下降有利于子宫肌的收缩,便于分娩。

在围产前期胎盘合成大量孕酮,但奶牛分娩前,前列腺素升高,血液中孕酮含量从分娩前 4 天迅速下降,在分娩时降至最低,分娩后继续下降并保持在极低水平(图 1-4)。

(三)缩宫素(oxytocin,OXT) 缩宫素是由垂体后叶释放的,其释放主要依靠来自于子宫颈、阴道和乳房的一些刺激,当交配、分娩、吮乳时,都可反射性地引起缩宫素的释放。与此相关的各种条件刺激,如犊牛出现、喊叫、挤奶准备也可引起缩宫素条件反射性的释放。

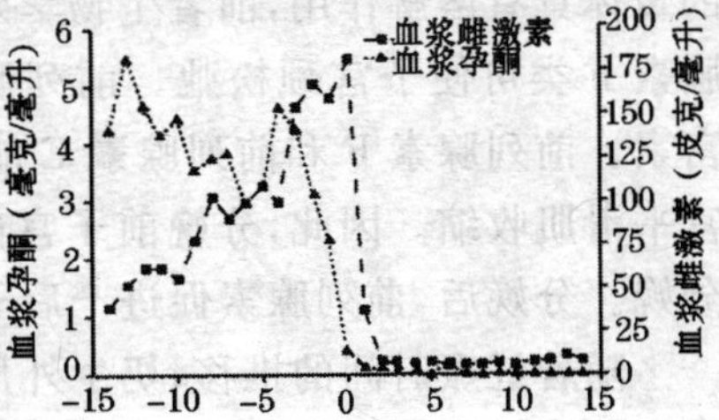

图 1-4 围产期奶牛孕酮和雌激素含量的变化

在围产期,缩宫素的主要作用是促进奶牛临产时子宫平滑肌

收缩，使子宫发生强烈的阵缩，促使胎儿、胎衣排出和产后止血，并参与哺乳期射乳反射。但此种作用与子宫的功能状态有关，缩宫素对非孕子宫的作用较弱，而对妊娠子宫的作用较强。雌激素能增加子宫对缩宫素的敏感性，而孕激素则相反。另外，缩宫素还促使乳腺腺泡周围的肌上皮收缩，起到促进排乳的作用，并参与哺乳期射乳反射。

在妊娠开始时，缩宫素分泌量较小。围产前期，雌激素升高而孕激素下降，激发垂体后叶释放缩宫素，子宫颈或阴道受到刺激，也会反射性地引起垂体后叶分泌缩宫素。在胎儿进入产道后缩宫素大量释放，胎头通过产道时达到高峰，然后又下降。

（四）前列腺素（prostaglandins，PGs） 奶牛的前列腺素主要是由子宫内膜分泌的，基本结构为含 20 个碳原子的不饱和羟基脂肪酸，即前列酸，由 1 个环戊环和 2 个脂肪酸侧链组成。

前列腺素种类很多，不同类型的前列腺素具有不同的生理功能。在奶牛生殖中起作用的前列腺素主要是前列腺素 $F_{2\alpha}$ 和前列腺素 E_2。在围产前期，前列腺素通过逆流传递机制由子宫静脉透入卵巢动脉，运输到卵巢，溶解黄体，使孕酮量下降，从而减弱对子宫肌收缩的阻抑作用。前列腺素 $F_{2\alpha}$ 和前列腺素 E 对奶牛卵巢上的黄体具有溶解作用，前者生物学效应较强。前列腺素 E_2 和前列腺素 F 类可使子宫颈松弛。前列腺素还能促进垂体后叶释放缩宫素。前列腺素 F 和前列腺素 E 能直接刺激子宫平滑肌，引起子宫平滑肌收缩。因此，分娩前子宫静脉中前列腺素的增加有助于分娩。分娩后，前列腺素促进产后子宫复旧。

随着妊娠时间的推移，奶牛外周血液中前列腺素 F 含量逐渐增加。分娩前，胎儿肾上腺皮质激素的分泌增加，造成雌激素和孕激素之间的平衡发生紊乱，诱发子宫黏膜和黏膜细胞合成并释放前列腺素 $F_{2\alpha}$，使前列腺素 $F_{2\alpha}$ 含量增加，增加的前列腺素 $F_{2\alpha}$ 与缩宫素联合引起子宫产生分娩性收缩活动，促进分娩。在分娩时，外周血液中前列腺素 F 含量达到高峰，羊水中前列腺素也明显增

加，子宫静脉中前列腺素在产前 24 小时达到高峰。分娩后，前列腺素 F 逐渐下降。

(五)促乳素(prolactin，PRL) 促乳素是一种蛋白质激素，由腺垂体前叶的嗜酸性细胞分泌，通过垂体门脉系统进入血液循环。

促乳素的主要生理作用是促进乳腺发育和乳汁生成。在围产前期，促乳素与雌激素、孕激素共同作用，维持乳腺腺泡和导管系统的发育，通过刺激氨基酸摄取、乳糖和乳脂合成促使乳汁生成。分娩后高产奶牛血液中促乳素水平较高，促性腺激素和性激素水平降低，可以抑制卵巢功能发育，影响发情周期，使受胎率降低。促乳素水平升高，增强奶牛的母爱行为。

整个妊娠期促乳素含量低，产前 20 小时促乳素含量由 50～60 纳克/毫升的基础水平升高到 320 纳克/毫升的峰值，产后 30 小时又下降至基础水平。

(六)松弛素(relaxin，RLX) 松弛素主要来源于妊娠牛的黄体，存在于颗粒黄素细胞的胞质中，在需要时释放入血。其结构与胰岛素类似，是一种水溶性激素。

松弛素单独的作用很少，只有在雌激素和孕激素的协同下才能发挥作用。在分娩的开口期，当子宫肌的收缩力逐渐增强时，松弛素释放入血液，并与其他激素发生协同作用，使骨盆扩大、松弛，子宫颈松软有弹性，骨盆韧带松弛，子宫水分含量增加，利于分娩。

松弛素的分泌随妊娠期的增长而逐渐增多，分娩时释放入血液，分娩后即从血液中消失。

(七)促肾上腺皮质激素(adrenocorticotrophic hormone，ACTH) 围产前期，胎儿在发育成熟后，其中枢神经系统通过丘脑下部，使垂体前叶分泌促肾上腺皮质激素。促肾上腺皮质激素作用于胎儿肾上腺皮质使之分泌皮质醇，皮质醇在分娩前分泌增多，通过胎儿血液循环到达胎盘，皮质醇进入胎盘后改变了相应的酶活性，使胎盘合成的孕酮进一步转化为雌激素，这样就使母牛在分娩前 2～3 天胎盘和血液中孕酮水平急速下降，雌激素水平急速

上升。这两种变化则诱发胎盘和子宫大量合成前列腺素，在缩宫素协同下发动分娩。

(八)生长激素(growth hormone，GH) 生长激素是垂体前叶分泌的一种多肽，由 191 个氨基酸组成，对骨骼生长和代谢有促进作用，对免疫功能有很重要的调节作用，还有促进代谢的作用。

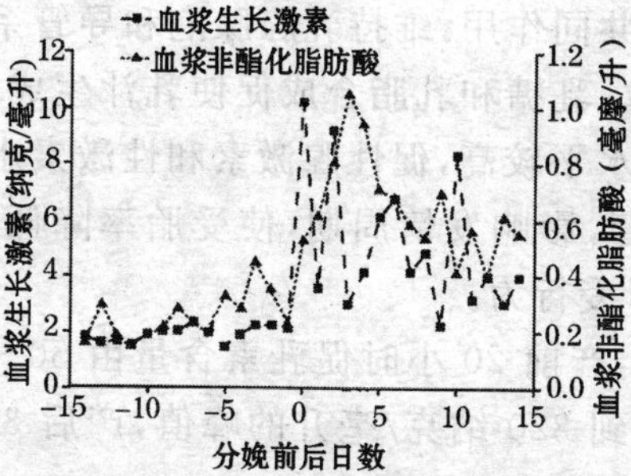

图 1-5 围产期奶牛血浆生长激素和非酯化脂肪酸含量变化

生长激素几乎对所有免疫细胞，包括淋巴细胞、巨噬细胞、NK 细胞、中性粒细胞、胸腺细胞等都具有促进分化和加强功能的作用。

分娩前，血浆生长激素浓度较低；分娩时，血浆生长激素浓度达到最大；分娩后，血浆生长激素浓度降低，在产后 2 周保持较高的浓度。围产期血浆生长激素浓度变化见图 1-5。

(九)胰岛素(insulin) 胰岛素促进肝糖原和肌糖原的合成，促进组织对葡萄糖的摄取利用；抑制肝糖原异生及分解，降低血糖。胰岛素缺乏时，血糖升高。胰岛素促进脂肪合成并抑制其分解，促进蛋白质合成和贮存，减少组织蛋白质分解，促进钾离子、镁离子、硫酸根离子进入细胞内，降低血钾含量。

分娩前，血浆胰岛素浓度较高，在分娩前 4 天急剧增加。分娩 5 天后降低，然后又增加(图 1-6)。

四、消化代谢

(一)瘤胃代谢 围产期奶牛瘤胃生理状况和微生物区系发生巨大改变。日粮由高精饲料向高纤维饲料转变，为了适应产后高纤维型日粮，瘤胃微生物菌群、瘤胃黏膜的结构和功能发生一系列的变化。在围产前期，高精饲料日粮促进淀粉降解菌与乳酸转化

菌生长，提高丙酸和乳酸产量；高纤维日粮促进纤维分解菌的生长和甲烷产生，对丙酸和乳酸利用菌形成抑制，引起丙酸生成量大大减少，丙酸是刺激瘤胃乳头状凸起生长的主要物质，因此导致瘤胃乳头状凸起的萎缩和瘤胃黏膜吸收挥发性脂肪酸的能力下降。在干奶期的前 6～7 周瘤胃乳头的吸收

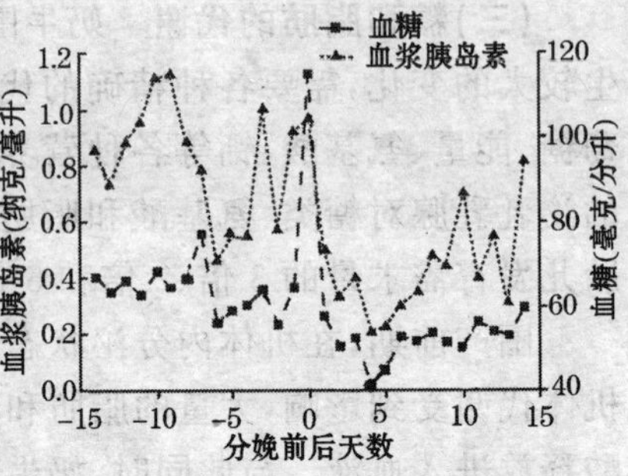

图 1-6　围产期奶牛血糖和血浆胰岛素含量变化

面积减少 50%，瘤胃微生物为适应以粗饲料为主的日粮，表现为大量纤维降解细菌增殖，淀粉降解细菌群减少，伴随着乳酸利用细菌菌群的减少。而分娩后增加精饲料饲喂量后，瘤胃微生物也随着从纤维分解菌转化为适应淀粉分解菌与乳酸分解菌，乳头状凸起的伸长和数量增加需数周的时间，这影响瘤胃吸收挥发性脂肪酸(VFA)的面积，降低采食量和养分消化。因此，分娩后突然增加高精饲料日粮，当瘤胃挥发性脂肪酸的产生量远大于吸收能力时，就容易引起瘤胃酸中毒与蹄叶炎，因为乳酸产生菌对高淀粉饲粮反应很快，产生大量乳酸，乳酸生成细菌可随日粮中非纤维碳水化合物(NFC)的增加而迅速增加，而乳酸转化菌对饲粮的变化反应较慢，其利用细菌的能力形成滞后，需要 3～4 周才能达到有效防止瘤胃乳酸积累的细菌数量，分娩后日粮改为高精饲料日粮很容易导致瘤胃乳酸的蓄积，造成酸中毒。

(二)采食量变化　随着分娩的临近，奶牛血液中孕酮的浓度逐渐减小，而雌激素浓度逐渐增加。体内雌激素水平居高不下是导致产犊前后奶牛干物质采食量下降的一个重要因素。在妊娠的最后几周，由于胎儿生长和胎盘发育，奶牛对营养的需求达到了最大值，但奶牛的干物质采食量与在干奶初期相比却下降了 10%～30%，这就影响了机体对营养的需求。

(三)糖和脂肪的代谢　奶牛围产期的特征是营养物质需求发生较大的变化，需要各种精确的代谢调整来满足分娩后乳腺对葡萄糖、能量、氨基酸、钙等各种营养物质的需要。奶牛产后第四天的泌乳乳腺对糖类、氨基酸和脂肪酸的需求量分别为妊娠 250 天胎儿发育需求量的 3 倍、2 倍和 5 倍。

围产前期，在机体内分泌状态发生变化和营养摄取量不足时，机体代谢受到影响，大量的脂肪和肝糖原被动员，许多非酯化脂肪酸释放进入血液。与此同时，奶牛对葡萄糖需要略有升高，血浆葡萄糖浓度保持恒定或略微增加。产犊时血浆葡萄糖浓度迅速上升，随后立即下降。产犊后，随着奶牛产奶量的迅速上升，奶牛对牛奶中乳糖合成所必需的葡萄糖的需求量大幅度增加，而此时奶牛的采食量却没有达到它的最大值。由于日粮中包含的大量碳水化合物在瘤胃内被发酵，很少有葡萄糖可以通过消化道被直接吸收，奶牛只有借助于肝脏中丙酸的糖异生反应（葡萄糖的合成）来满足它们对葡萄糖的需求。奶牛产犊后，合成葡萄糖所需要的丙酸供应受到限制，立刻出现采食量降低的现象。因此，日粮中包含的氨基酸和骨骼、肌肉中分解出来的氨基酸以及体脂肪代谢产生的甘油（丙三醇）都会被用于葡萄糖的合成。泌乳期葡萄糖代谢衡态调节的特征是肝脏内葡萄糖异生增加，同时外围组织对葡萄糖的氧化降低，从而使葡萄糖进入乳腺合成乳糖。在围产前期和泌乳早期通过奶牛门静脉回流组织的葡萄糖净流量为零甚至为负值，整个内脏从产前第九天至产后第二十一天葡萄糖输出所增加的 267％几乎都来自于肝脏合成葡萄糖的增加。奶牛肝脏葡萄糖合成的底物主要是瘤胃发酵产生的丙酸、三羧酸循环的乳酸、蛋白质降解或门静脉回流组织净吸收的氨基酸以及动用脂肪组织产生的甘油。丙酸对围产期奶牛肝脏葡萄糖合成的贡献率为 50％～60％，乳酸为 15％～20％，甘油为 2％～4％，氨基酸贡献率为 20％～30％，其中丙氨酸的贡献率最大，从产后第九天的 2.3％增至产后第十一天的 5.5％。在产后第一天肝脏把 C^{14} 丙氨酸转化

为葡萄糖的能力大约是产前21天的2倍。氨基酸作为葡萄糖合成的适应性底物在泌乳早期发挥作用。

脂类代谢是动用体脂储备来满足泌乳奶牛在能量负平衡时对能量的广泛需要。产犊后，奶牛从日粮中摄取到的总能量低于其自身对能量的需求，体况健康的奶牛也不例外。奶牛血液中生长激素对胰岛素所形成的高比例现象，允许来自于脂肪组织（体脂肪）的长链脂肪酸进行加速代谢以弥补在采食量和实际需求之间出现的能量负平衡。从脂肪组织中动员来的脂肪酸以非酯化脂肪酸的形式进入血液，并在体内循环，这是围产期奶牛最主要的能量来源之一。血液中非酯化脂肪酸的浓度反映了脂肪组织代谢的程度。分娩前2～3周，血浆非酯化脂肪酸浓度提高了2倍或更多，尤其是在分娩前2～3天，非酯化脂肪酸浓度迅速提高，直到分娩结束为止。分娩后血浆非酯化脂肪酸浓度迅速下降，利用非酯化脂肪酸使泌乳前几天乳脂率升高40%，从而减少了对葡萄糖的需求。骨骼肌还能利用一部分非酯化脂肪酸作为能量。在产犊前后或泌乳早期，当能量负平衡加剧时，会有更多的非酯化脂肪酸从脂肪组织中释放出来，并且血液中非酯化脂肪酸的浓度也会相应升高，更多的非酯化脂肪酸被肝脏吸收。被肝脏吸收的非酯化脂肪酸的主要作用有：完成对二氧化碳的氧化反应，为肝脏提供能量；进行部分氧化反应，产生诸如β-羟基丁酸（β-HBA）类的酮体物质，这类酮体物质能进入血液，成为其他组织的燃料；帮助恢复脂肪（甘油三酸酯）的存储。但是，如果肝脏中吸收的非酯化脂肪酸过多，泌乳初期奶牛肝脏没有能力把非酯化脂肪酸全部利用，当大量的非酯化脂肪酸进入循环系统时，非酯化脂肪酸容易转化为甘油三酯而在肝脏内蓄积，而肝脏甘油三酯蓄积与肝叶在体外把丙酸转化为葡萄糖的能力呈负相关，肝脏内甘油三酯蓄积会抑制体内葡萄糖的合成，脂类浸润降低了肝细胞把丙酸合成葡萄糖的能力，脂肪肝的问题就可能逐步显现出来。也有试验表明，脂类浸润不影响葡萄糖合成率，而会降低围产期奶牛对尿素的合成能力。

有人推测也许肝脏氨的供应量对这一过程起调控作用。产犊之后出现的能量负平衡和肝脏中碳水化合物的欠缺都将会增加酮体的产生，这种状况可能会导致奶牛发生酮病。

(四)矿物质的代谢 围产前期，妊娠牛钙的需要随胎儿生长而增加，一头体重 40 千克的初生犊牛，体内约含 540 克钙，约有 75％的钙是妊娠最后 2 个月内沉积的，分娩当日钙的需要量大约增加 4 倍。奶牛产奶的启动，使得奶牛对钙离子的需求量急剧增加，1 头生产 10 千克(2.3 克钙/千克奶)初乳的奶牛 1 次泌乳就会损失 23 克的钙离子，这相当于 1 头奶牛血钙储备量的 9 倍之多。由于形成初乳的消耗，奶牛必须通过从骨内吸收或增加从日粮的吸收率来补偿因泌乳而损失的钙，致使血钙含量在产犊前几天急剧下降，分娩时达到最低，容易发生乳热症。而小肠、肾脏和骨骼对高钙需求的适应需花费几天时间，因此血浆钙浓度通常在分娩后几天才回到正常水平。钙离子参与孕酮的合成，也是卵母细胞成熟所需的物质。钙缺乏易造成奶牛在分娩后低血钙瘫痪症的发生，也能引起皮质醇的分泌量增加，这也可能增加胎衣不下发生的概率。此外，钙为神经传导因子，缺乏可导致神经功能受损，严重降低前胃的收缩力，而诱发皱胃变位。在消化道对钙的吸收能力提高之前，奶牛不得不从骨骼中分解钙来满足需求。

总之，围产期奶牛在内分泌和营养代谢方面都发生着剧烈的变化，是奶牛生产周期中至关重要的一个生理阶段，也是提高牛群生产力的关键时期，奶牛的饲养管理技术和水平关系到奶牛场的经济效益乃至奶牛场的存亡。所以，围产期的饲养与管理是奶牛生产的重要环节，这一阶段奶牛需要科学的饲养管理，保持奶牛体况不肥不瘦，保证奶牛分娩后食欲旺盛，提高干物质摄入量，供给适口性好、营养平衡和消化率高的日粮以满足奶牛对营养的需求，促进瘤胃功能恢复，加强卫生保健，增强机体免疫功能，控制和减少各种代谢病的发生，最大限度地降低死亡率，确保分娩后泌乳性能充分发挥，这将有助于获得最大的经济效益。

第二章　奶牛围产期的营养需要

第一节　三大有机营养素及其代谢

一、碳水化合物

碳水化合物是奶牛日粮中能量的最重要来源，通常占日粮总能量的60%～70%，也是牛奶中脂类和乳糖的最初前体物。碳水化合物可分为结构性碳水化合物和非结构性碳水化合物。

结构性碳水化合物主要为纤维素、半纤维素和木质素。纤维素是由许多β-葡萄糖以β-1,4糖苷键相连而成的直链多糖，是构成植物细胞壁的成分，通常与木质素伴随存在或单一存在，粗饲料中纤维素含量为25%～40%，消化率约为65%；半纤维素主要由聚戊糖所组成，半纤维素也是植物细胞壁的主要构成成分之一，与木质素紧密联系，大量存在于植物的木质化部分；木质素并非碳水化合物，它是苯丙烷衍生物的复杂聚合物，木质素常与半纤维素或纤维素伴随存在，共同作为植物细胞壁的结构物质，木质素不仅本身不能被消化，而且还影响其他营养素的消化和利用，植物越老，木质素含量越高。

寄居在瘤胃中的微生物能将结构性碳水化合物（纤维素和半纤维素）发酵产生挥发性脂肪酸，为奶牛提供能量。同时，对于奶牛来说，粗糙的纤维能促进反刍，提高唾液的分泌量。日粮中粗纤维的缺乏常引起乳脂含量降低和消化功能紊乱。

非结构性碳水化合物可分为水溶性（包括单糖、双糖、低聚糖和一些多糖）和非水溶性大分子多糖。可溶性非结构性碳水化合物，如单糖（葡萄糖和果糖）和双糖（蔗糖和乳糖），可在瘤胃中迅速

发酵，并在某些饲料中占有相当比例（如糖蜜、糖用甜菜、高糖玉米以及乳清粉等）。

奶牛在泌乳初期葡萄糖代谢的改变主要表现为肝脏糖异生增加（Reynolds 等，2003）和周围组织糖氧化作用减弱（Bennink 等，1972），以保证葡萄糖能够直接进入乳腺组织用于合成乳糖。Reynolds 等（2003）研究发现，围产期和泌乳早期奶牛内脏器官门脉系统葡萄糖的净通量为零，甚至出现轻微的负值。预产期前 9 天至产后 21 天内脏器官葡萄糖的总输出量升高 267%，这几乎全部来源于肝脏的糖异生作用。

反刍动物肝脏糖原异生的主要底物为瘤胃发酵产生的丙酸盐、三羧酸循环产生的乳酸盐、蛋白质代谢或内脏门脉系统吸收的氨基酸以及脂肪组织脂解所释放的丙三醇（Seal and Reynolds，1993）。围产期从丙酸盐、乳酸盐和甘油异生的葡萄糖占肝脏葡萄糖净释放量的 50%～60%、15%～20%和 2%～4%（Reynolds 等，2003）。由氨基酸异生的葡萄糖至少可达葡萄糖总量的20%～30%，其中由丙氨酸异生的葡萄糖在产前 9 天为 2.3%，到产后 11 天上升到 5.5%。与上述结果相一致，Overton 等（1998）报道了产后 1 天的肝脏对丙氨酸的异生能力是产前 21 天的 2 倍。尽管在数量上看从氨基酸池释放的氨基酸相对产奶量而言并不重要，但上述结果表明氨基酸可作为一种适应性底物用于产后早期阶段葡萄糖的合成。

不同种类的牧草含糖量不同。新鲜禾本科和豆科牧草含糖量差异较大，可达 10%（以干物质为基础），而干草和青贮饲料则由于发酵和呼吸作用，含糖量较低。同时，不同饲料所含的水溶性非结构性碳水化合物种类亦不相同，如温带牧草贮存在茎、叶中的水溶性非结构性碳水化合物为呋喃葡聚糖，而豆科植物则为半乳聚糖，β-型葡聚糖已在大麦的糠麸、燕麦和黑麦草的细胞壁中发现。淀粉是谷物饲料中碳水化合物的主要贮存形式。非结构性碳水化合物可在瘤胃中迅速降解，并可提高奶牛日粮的能量水平，增加瘤

胃微生物蛋白质产量。但是，非结构性碳水化合物不能有效刺激反刍及唾液的产生，而且过量的非结构性碳水化合物还可能影响纤维素的发酵。据报道，日粮中性洗涤纤维含量超过45％～50％或少于25％～30％，均将影响产奶量。

奶牛日粮结构，尤其是碳水化合物的类型影响瘤胃中挥发性脂肪酸的产量和比例。当日粮中含有较大比例粗饲料（即结构性碳水化合物）时，瘤胃微生物发酵产生的挥发性脂肪酸中，乙酸占65％，丙酸占20％，丁酸占12％，其余为异丁酸、戊酸和异戊酸，这种日粮虽然有足够的乙酸用于生成最高量的乳脂，但丙酸产量不足，制约了产奶潜力的发挥（特别是在泌乳早期）。

当日粮为精饲料时（谷物占70％），乙酸降至40％，丙酸上升为37％。非结构性碳水化合物有利于丙酸的生成，而结构性碳水化合物则能增加乙酸产量。因此，在奶牛日粮中提高精饲料比例，可增加挥发性脂肪酸产量，提高丙酸和乙酸的比率。增加由丙酸转化而来的葡萄糖供应，提高产奶量，但也会造成乳脂率降低（因用于合成乳脂的乙酸供给短缺）。同时，过量的丙酸（相对于乙酸）将转化为脂肪沉积（增加体重）。可见，日粮中过多的精饲料将会导致奶牛肥胖，如若持续饲喂这种日粮对奶牛的健康极为有害，甚至可引发难产、脂肪肝或酮病；相反，若日粮中缺乏足够的精饲料将限制能量的摄入，会降低产奶量和乳蛋白含量。

二、脂　类

奶牛日粮脂肪摄入后不久，在微生物酯解酶的作用下迅速水解释放出游离脂肪酸和甘油，甘油迅速发酵，主要产物为丙酸。脂肪在瘤胃中的水解很彻底，几乎没有什么中间产物（如单酰或二酰甘油）产生。在未做特殊处理的条件下，到达小肠的脂肪酸中有85％～90％处于游离状态。酯解酶主要由微生物产生，原虫也具有酯解能力，30％～40％的酯解与原虫有关。植物半乳糖脂和磷脂在瘤胃也被水解释放出游离脂肪酸。瘤胃微生物能产生多种半

乳糖脂水解酶和磷脂水解酶,使这些脂质水解。

瘤胃中的不饱和游离脂肪酸很快被微生物氢化为更饱和的产物,但氢化速度比酯解慢。酯解是氢化的前提。瘤胃细菌干物质的总脂质含量在10%～15%,细菌脂质有内(从头合成)、外(摄入日粮长链脂肪酸)两个来源。

由于脂肪能值含量较高,热增耗较低,在生产实践中当需要提高日粮能量水平,特别是当日粮中含较高的粗饲料而限制了能量摄入时,可添加脂肪。脂肪添加可缓解泌乳早期奶牛对富含碳水化合物精饲料的需求量。在炎热季节,脂肪还可减少泌乳牛的热应激。

常用脂肪原料的最大添加量:整粒生大豆2.27千克/日,整粒烤大豆2.27～4.54千克/日,挤压大豆1.36～1.8千克/日,整粒棉籽2.72～3.18千克/日,整粒向日葵籽1.82～2.27千克/日,粉碎向日葵籽0.9～1.36千克/日。

奶牛日粮中的脂肪组成通常为:1/3来自于常规饲料,1/3来自于油籽或油脂,1/3来自于过瘤胃脂肪。同时,饲喂添加脂肪的日粮,应将日粮中的钙含量升至1%,镁含量升至0.3%,因为脂肪与钙的结合降低了钙与镁的利用率。

三、蛋白质

从消化道吸收的蛋白质,为维持奶牛的生命活动、繁殖、生长和泌乳提供了所需的氨基酸。奶牛可利用多种其他氮源,因为瘤胃中存在的微生物能够利用非蛋白质氮源合成氨基酸和蛋白质。此外,奶牛瘤胃还具有回收氮的机制,如当日粮中含氮量很低时,大量的尿素(在正常情况下从尿液中排出)返回瘤胃并被微生物所利用。研究表明,用非蛋白氮作为奶牛日粮的惟一氮源,每日可获得580克高质量的乳蛋白,并且在整个泌乳期也可获得4 000千克的牛奶。

通常干奶牛日粮粗蛋白质含量仅需12%即可,而泌乳早期的

奶牛日粮应提高至18%以上才能满足需求。同时，对于1头日产奶20～25千克的奶牛，日粮粗蛋白质含量约需16%，仅需配制普通日粮基本能满足蛋白质需求。然而，随着产奶量的增加，仅靠瘤胃合成的微生物蛋白质和普通日粮所提供的数量极为有限的过瘤胃蛋白质，难以满足需要。此时，一方面应提高日粮中的过瘤胃蛋白质（或氨基酸）饲料比例，如脱水苜蓿、啤酒糟、烧酒糟、玉米面筋粉、焙烤大豆制品、屠宰厂副产品、羽毛粉（水解）和鱼粉等，另一方面也可给奶牛饲喂过瘤胃保护蛋白质（或氨基酸）。

此外，也可在奶牛日粮中添加非蛋白氮，特别是当日粮含粗蛋白质低于12%时。其中，尿素是奶牛日粮配方中最常用的非蛋白氮，但应谨慎使用，因为过量的尿素会引起氨中毒。最适合补充尿素的日粮结构为高能量、低蛋白质、低非蛋白氮的饲料，这种类型的饲料包括谷物子粒、糖蜜、甜菜渣、成熟的干草和玉米青贮。尿素禁止与可被快速利用的含氮饲料一起使用，如饼粕（如豆饼、菜籽饼）、豆科植物和嫩草。另外，尿素使用量为每日每头不超过150～180克，一般尿素仅能取代日粮蛋白质需要量的25%～30%，并应与其他饲料充分混合以改善适口性。日粮中增加尿素时应渐进而行，使奶牛有一个逐渐适应的过程，严禁将尿素直接掺入水中饲喂，以防中毒。

第二节　奶牛对营养物质的需要

一、干物质采食量

干物质采食量是配合奶牛日粮的一个重要指标，它对奶牛的健康和生产至关重要。预测干物质采食量可有效防止奶牛营养的过量或不足，提高营养物质利用率。如果奶牛营养摄入不足，不仅影响其生产水平的发挥，而且也影响奶牛的健康。相反，营养摄入过多会增加饲养成本，影响健康，导致过多的营养物排泄到环境

中，甚至引起中毒。

奶牛所需要的营养物质基本上全包括在饲料干物质中，所以干物质采食量对奶牛特别重要。尤其是高产奶牛随着产奶量的增加，采食量必然增加。干物质采食量受体重、产奶量、泌乳阶段、环境、饲料质量、饲养方法等因素的影响。

干物质采食量一般用体重的百分比表示。内蒙古畜牧科学院动物营养室卢德勋研究员对高产奶牛提出干物质采食量的方案如下：干奶期干物质日采食量占体重的1.8%～2.2%。围产期干物质日采食量占体重的2%～2.5%；产后1周约占体重的2.5%；产后2周约占体重的2.9%；产后3周约占体重的3.4%。泌乳盛期日产奶量高于30千克时，日采食干物质量占体重的3%～3.5%；日产奶量低于30千克时，日采食干物质量占体重的2.7%～3.3%。产奶中期日采食干物质量占体重的3%～3.2%。产奶后期日采食干物质量占体重的3%～3.2%。

二、能量需要

目前，各国奶牛饲养标准所采用的能量体系不尽相同。我国采用净能体系，将奶牛的产奶、维持、增重、妊娠和生长所需能量均统一使用奶牛能量单位(NND)表示。即用1千克乳脂率为4%的标准乳所含产奶净能3 138千焦作为1个“奶牛能量单位”。

奶牛的能量需要可分为维持、生长、妊娠和泌乳几个部分。

(一) 维持能量需要 是根据奶牛在一定日粮和环境条件下的热平衡计算的。该维持需要受奶牛的品种、年龄、性别、生理状况、活动量、前期营养状况、环境温度等多种因素的影响。

舍饲的成年空怀奶牛维持需要的产奶净能(NEL，兆焦)为$0.335BW^{0.75}$，BW为体重(千克)。维持需要包含有10%的额外添加量，用于拴养奶牛平常活动的能量消耗。

奶牛放牧时，能量消耗明显增加。其所增加的能量需要与行走距离、放牧场的地形以及奶牛体重有关，一般奶牛水平行走1千米，维持

产奶净能需要增加 0.001 88 兆焦/千克体重。同时，放牧牛的采食活动所需的产奶净能较舍饲牛高 0.008 37 兆焦/千克体重。

奶牛的维持能量需要均以适宜环境温度为标准。在低温条件下，体热的损失明显增加。因此，在低温条件下应提高维持的能量需要。

(二) 产奶能量需要 牛奶中各成分的能量含量即为产奶净能的需要量，所以产奶能量需要可按下列公式计算。

每千克牛奶含有能量(千焦)＝1 433.65＋415.3×乳脂率

每千克牛奶含有能量(千焦)＝249.16×乳总干物质率－166.19

或以每生产 1 千克脂肪含量为 4%的标准乳需产奶净能 3 138 千焦的标准计算。

(三) 妊娠能量需要 根据我国奶牛饲养标准(2000)，妊娠后 6～9 个月时，每日在维持基础上增加 4.18 兆焦、7.11 兆焦、12.55 兆焦和 20.92 兆焦产奶净能。

(四) 生长牛的增重净能需要 增重的能量沉积即增重净能。

$$\text{增重的能量沉积(兆焦)}=\frac{\text{增重(千克)}\times[1.5+0.0045+\text{体重(千克)}]}{1-0.3\times\text{体重(千克)}}\times 4.184$$

三、蛋白质需要

(一) 泌乳牛的蛋白质需要

1. 维持的蛋白质需要

粗蛋白质(克)＝$4.6W^{0.75}$

可消化粗蛋白质(克)＝$3\ W^{0.75}$

其中，W 表示体重(千克)。

2. 产奶的蛋白质需要 按每千克脂肪含量为 4%的标准乳供给粗蛋白质 85 克或可消化粗蛋白质 55 克计。

(二) 妊娠牛的蛋白质需要 粗蛋白质用于妊娠的效率按

42%计算，在维持的基础上可消化粗蛋白质的给量，妊娠6个月时为77克，7个月时为145克，8个月时为255克，9个月时为403克。

（三）生长牛的蛋白质需要

1. 维持的可消化粗蛋白质需要（克） 体重200千克以下为 $2.6\ W^{0.75}$，200千克以上为 $3\ W^{0.75}$。

2. 增重的蛋白质沉积需要

增重的蛋白质沉积需要（克/天）$=\Delta W(170.22-0.1731W+0.00017W^2)\times(1.12-0.1258\Delta W)$

式中：ΔW 为日增重（千克）；W 为体重（千克）。

体重100千克以上的生长牛可消化粗蛋白质的利用效率为46%，体重40～60千克的为60%，体重70～90千克的为50%。

高产奶牛对蛋白质的需要量较高，由于瘤胃微生物合成的菌体蛋白数量有限，单靠日粮中的降解蛋白质不能满足泌乳需要，还必须供给足够的瘤胃非降解蛋白质，非降解蛋白质的含量需占日粮蛋白质的48%左右。试验表明，在高产奶牛泌乳盛期添加过瘤胃保护氨基酸或过瘤胃保护蛋白质饲料，不仅能提高产奶量，还可降低饲料成本。

四、中性洗涤纤维需要

奶牛日粮中需要一定量的中性洗涤纤维，以维持正常的瘤胃发酵，保证奶牛的健康和乳脂率的稳定。奶牛日粮中最低中性洗涤纤维含量与奶牛的体况、生产水平、日粮结构、加工工艺、日粮中饲料纤维的长度、总干物质采食量、饲料的缓冲能力以及饲喂次数等因素有关。在以苜蓿或玉米青贮作为主要粗饲料，玉米作为主要淀粉源的日粮中，中性洗涤纤维含量至少占日粮干物质的25%，其中19%的中性洗涤纤维必须来自于粗饲料。当来自于粗饲料的中性洗涤纤维含量低于19%时，每降低1%，日粮中的最低中性洗涤纤维含量相应需提高2%（表2-1）。若日粮的粗蛋白质和粗脂肪含量较低，还需进一步提高中性洗涤纤维的含量。

表 2-1 奶牛泌乳期全混合日粮中中性洗涤纤维的最低要求及非纤维碳水化合物的最高限量 （以干物质为基础，%）

粗饲料最低中性洗涤纤维	日粮最低中性洗涤纤维	日粮最低酸性洗涤纤维	日粮非纤维碳水化合物最高限量
19	25	17	44
18	27	18	42
17	29	19	40
16	31	20	38
15	33	21	36

五、奶牛围产期的营养调控策略

围产期奶牛生理变化及营养调控机制的研究已成为近年来奶牛营养和生理学研究的重点和热点。围产期奶牛对营养物质的需求急剧升高，以满足分娩后乳腺对能量、碳水化合物、氨基酸和钙等营养物质的需求。研究表明，分娩后 4 天乳腺对糖类、氨基酸和脂肪酸的需求量分别为妊娠 250 天时胎儿发育需求量的 3 倍、2 倍和 5 倍（Bell，1995），钙的需求量大约提高了 4 倍（Horst 等，1997），为满足乳腺对这些营养物质的需求，奶牛必须进行生理适应性调节，导致各种营养物质的代谢发生改变。

妊娠后期内分泌状态的变化和干物质采食量的下降影响了机体代谢，导致了脂肪和肝糖原的大量动员。血浆非酯化脂肪酸在分娩前 2～3 周提高了 2 倍或更多，尤其是在分娩前 2～3 天，非酯化脂肪酸浓度迅速提高，直到分娩结束为止，分娩后血浆浓度迅速下降。在围产前期，血浆葡萄糖浓度保持恒定或略微增加，产犊时迅速上升，随后立即下降，由于形成初乳的消耗，血钙浓度在产犊前几天下降，分娩时达到最低，由于小肠、肾脏和骨骼对高钙需求的适应需花费几天时间，因此血浆钙浓度通常在分娩后几天才回到正常水平。在围产期，奶牛的免疫状态下降，嗜中性粒细胞和淋

巴细胞的功能受到抑制，其他免疫系统成员的血浆浓度也下降。

在奶牛干奶期开始和结束时，由高精饲料日粮向高纤维日粮的转变引起瘤胃微生物菌群和瘤胃上皮组织发生变化。高精饲料日粮促进淀粉降解菌生长，提高丙酸和乳酸产量；高纤维日粮促进纤维分解菌的生长和甲烷产生，对丙酸和乳酸利用菌形成抑制。在干奶期的前 6 周，瘤胃乳头的吸收面积会减少 50%，增加精饲料饲喂量后，乳头延长需数周的时间，因此分娩后突然增加谷物会产生不良后果。

由于在进入围产期前牛只已经过 45 天左右的干奶调整，这时奶牛应储备足够的能量来迎接产犊期的到来，且四肢良好，精神饱满，不宜过肥，一般应掌握在 3.5 分左右的膘情。围产期应采用全混合日粮（TMR）饲喂。干物质采食量应占体重的 2.5%～3%，奶牛能量单位（NND/千克 DM）为 2，粗蛋白质为 13%～14%，通常干奶期饲料的粗蛋白质含量为 12%，而分娩后由于干物质摄入量减少，用于泌乳的蛋白质需求量却急剧增加，所以分娩后饲料粗蛋白质含量应在 19%～20%，其中 35%～40%应为瘤胃非降解性蛋白质。钙为 0.8%～1.2%，磷为 0.3%～0.4%，中性洗涤纤维为 23%～25%。临产前营养达到中上等水平，体况评分≥3。临产前 7 天酌情增加精饲料量，最大喂量不宜超过体重的 1%。

日粮结构仍以优质干草为主。在分娩前的围产期，最好喂给适口性高的饲草。不要将品质不好的饲草从干奶期一直喂至分娩前的围产期。由于豆科牧草富含钙和钾，阴阳离子差额高，而且含有较多的粗蛋白质和降解性蛋白质，所以在分娩前的围产期饲料中应限制其配合量。如果能够通过调整对土壤的施肥量，使阴阳离子差额保持较低水平，那么这种牧草青贮后是比较理想的饲草。另外，玉米青贮的粗蛋白质、降解性蛋白质含量和阴阳离子差额都较低，含淀粉较多，很适合用作分娩前围产期的饲草。

在碳水化合物的搭配上，为了使瘤胃组织和微生物适应泌乳期的饲料，谷类甚至是必不可少的。但是，过多的非结构性碳水化

合物又会带来酸中毒和降低日干物质摄入量的危险，所以必须考虑与结构性碳水化合物进行适当的组合。在分娩前、后的围产期，全混日粮按干物质计应含30%～32%中性洗涤纤维(其中21%应来自于饲草)和35%～40%非结构性碳水化合物。在分娩前的围产期饲料中一般不主张添加脂肪，不过在泌乳初期饲料中适量(总脂肪含量的5%以下)添加脂肪，对改善繁殖成绩会有一定好处。

为做到因牛而宜，保证营养适中，李永和等(2003)建议精饲料给量见表2-2。

表2-2　奶牛分娩前1周精饲料饲喂量　(千克)

泌乳高峰期估计日产奶量	精饲料量		
	膘情欠佳	膘情一般	膘情良好
15	4.5	3.5	2.5
20	5.5	5	4
30	7	6	5

精饲料和青贮饲料应于产后4天开始饲喂。如母牛食欲好，粪便和乳房正常，应逐渐增加精饲料和青贮饲料喂量。每日精饲料增加量以0.5～1千克为宜。

围产期应注意以下问题。

第一，牛只过瘦。牛只过瘦往往引起整个泌乳期的泌乳性能得不到充分发挥和繁殖障碍等，如果长时间得不到恢复，有可能被迫淘汰。在这种情况下进入围产期后其精饲料可增加至6.5千克左右，但也不宜过多，以防止胎儿过大。提供大量优质青干草，适当增加副产品饲料，为保证其在产后有很好的食欲打下基础。还可以利用注射营养剂如维生素D_3等增强牛只体质。

第二，牛只过于肥胖。干奶牛进入围产期一旦达到4分以上的膘情，临产前后就易出现一系列的代谢紊乱，乳热症、酮病、产后食欲低下、胎衣不下等疾病的发生率相当高。研究表明，肥胖是导

致牛只产后死亡的主要原因之一。大部分肥胖牛产后失重急剧加快，随之而引起的生殖道康复延迟是造成奶牛繁殖障碍的重要原因之一。因此，进入围产期发现牛只过肥应立即减少或停止饲喂精饲料，饲喂大量优质青干草（纤维不宜过短），增加放牧运动，产前注射亚硒酸钠-维生素E注射液，产后注射葡萄糖酸钙注射液。

第三，正常体况的干奶牛进入围产期后，可适当增加投喂量。整个干奶期的各个环节都非常重要，如干奶前期严格控制精饲料投喂量，适当控制青贮玉米和糟粕类饲料投喂量，杜绝饲喂甜菜粕和块根类饲料是每一个牧场管理人员应密切注意的。

第四，牛只分娩后的2周，将承受高产的压力。而这段时间由于采食量不足，往往摄入的营养满足不了康复和消耗的需要。因此，这段时间虽然不长，但如果饲养不当，往往会出现严重的掉膘失重现象。分娩后第二天起应饲喂优质的、易消化的高浓度精饲料，除了提供自由采食优质青干草以外，第三天起可以每日0.5千克精饲料的速度递增（不宜过早催奶），一般控制增至8千克左右。3周后再视产奶量情况给予补充精饲料。为了增加围产后期的干物质摄入量，除增加采食优质青干草和精饲料外，可视牛只胃口适当增加青贮和其他副产品饲料（不宜过多，应逐渐增加），同时增加饲喂次数。应有16千克以上干物质的摄取量，并尽量减少其产后的营养负平衡。

第三节　奶牛对矿物质和微量元素的需要

矿物质约占奶牛体重的5%，占牛体无脂干物质的21%，是牛奶中的重要组成成分。

奶牛产奶所需的矿物质至少有17种，根据数量的多少一般可分为两大类，即常量元素和微量元素。常量元素包括钙、磷、镁、钾、钠、氯和硫；微量元素包括铁、铜、锰、锌、钴、镍、铬、硒和碘。虽然砷、硼、铅、硅、矾等元素在其他动物上证明可能是必需元素，但

对于奶牛来说，一般意义不大。在矿物质中，常量元素和微量元素的添加量可参考美国国家研究委员会（NRC，2001）奶牛营养物质需要量加以确定。添加方式可以采用添加剂预混料或复合营养舔砖形式进行。在奶牛生产实践中，应当重视矿物质添加剂的补充，包括阴离子盐和缓冲剂。

一、常量元素

（一）钙 奶牛体内98%的钙存在于骨骼和牙齿中，它与磷一起共同构成骨骼的强度和硬度，余下的2%存在于软组织、细胞外液和血液中。

通常血钙浓度保持稳定状态，当日粮钙暂时不足时，动物会动用一部分骨钙，维持血钙浓度的稳定。但如日粮长期缺钙，将导致后备牛佝偻病，生长发育延迟；成年牛则出现骨软症、乳热症和产奶量降低等。

奶牛产前10天应饲喂低钙日粮，每日每头40～50克，钙、磷比例为1∶1；产后饲喂高钙日粮，每日每头150～200克，钙、磷比例为1.5～2∶1，可预防乳热症的发生。

（二）磷 牛体中大约80%的磷存在于骨骼和牙齿中，骨骼中的钙、磷比为2.1∶1，奶中的钙、磷比为1.3∶1，其余的磷存在于软组织和体液中。磷是能量代谢中的一种关键矿物质，是碳水化合物代谢形成的己糖磷酸盐、二磷酸腺苷和三磷酸腺苷的重要组成部分。同时，磷是血液和其他体液缓冲系统的一种必需成分，在几乎所有的代谢过程中都起重要作用。此外，磷还是瘤胃微生物消化纤维素，合成菌体蛋白质的必需元素。

当磷缺乏时，同样会引起后备牛佝偻病和成年牛骨软症。此外，缺磷还会出现食欲不振、消瘦、异食癖以及生长缓慢、繁殖率和产奶量下降等。为了防止缺磷现象，在日粮中应加喂富磷饲料，如麸皮、米糠、菜籽饼、棉籽饼和动物性饲料，以及含磷丰富的矿物质，如磷酸氢钙和骨粉等，但补充不可过量，奶牛对日粮磷的最大耐受量约为1%。

(三)钠和氯 钠和氯在维持体液酸碱平衡、调节渗透压中发挥重要作用。饲养实践表明,日粮中缺钠时,奶牛食欲下降,异食,生长发育不良,被毛粗乱,产奶量下降,严重时运动失调、体弱、心律失常,甚至死亡。采食过多的氯化钠会增加奶牛乳房水肿的发病率,并使乳房肿胀加剧。一般钠适量时,氯的量是适合的。分泌到奶中的钠是泌乳牛总钠需要量中一个很大的部分,非泌乳牛的需钠量较低,泌乳牛日粮钠的需要量约占日粮干物质的 0.18%(相当于 0.46% 食盐),非泌乳牛的需要量约占日粮干物质的 0.1%(相当于 0.25%食盐)。奶牛维持需要的食盐量约为每 100 千克体重 3 克,每产 1 千克标准乳供给 1.2 克。

(四)钾 钾参与维持体液渗透压和酸碱的平衡,同时对维持神经和肌肉兴奋起着重要作用。奶牛缺钾时采食量明显降低,产奶量下降,异嗜,肌肉软弱无力。牧草的含钾量较高,放牧奶牛一般不易缺钾,但对于舍饲奶牛,在大量饲喂酒糟、甜菜渣的情况下,有可能出现缺钾症。泌乳牛对钾的需要量为日粮干物质的 0.8%,热应激时可提高到日粮的 1.2%。

(五)镁 镁是构成骨骼的成分,也是多种酶的活化剂,在糖和蛋白质代谢以及神经-肌肉的传导活动中起重要作用。日粮中缺镁,可出现痉挛症,过量时则引起腹泻。牛奶中含有大量的镁,因此随母牛产奶水平的提高可适当增加日粮中镁的含量。母牛的维持需要量为每日每头 2～2.5 克,在此基础上每产 1 千克奶增加 0.12 克镁,泌乳早期的高产奶牛,镁的需要量可按日粮的 0.25%～0.3%计算。在冬季或饲喂大量劣质青贮饲料时,容易发生低血镁症。在缺镁地区,每日每头牛补充氧化镁 20 克即可预防镁缺乏症。饲料中的镁含量与其他矿物质一样,随植物种类、生长土壤和气候条件而发生变化。通常豆科牧草中含镁量比禾本科牧草高,早春牧草中含镁量下降。谷类饲料中含镁 1.1%～1.7%,而油料子实、亚麻仁饼、花生饼和大豆饼中的镁含量大约是谷类饲料的 2 倍。含镁最丰富的植物饲料是麸皮、油饼、油粕、向日葵、

饲用和糖用甜菜叶(4～8 毫克/千克干物质)。干草平均含镁 2～3 毫克/千克,禾本科牧草为 2 毫克/千克。

(六)硫 硫约占奶牛体组织的 0.15%,它是蛋氨酸、胱氨酸等必需氨基酸的组成成分,也是维生素 B_1、生物素和某些多糖、酶的组成成分。硫元素能促使反刍动物瘤胃内纤毛虫加速繁殖,积极参与蛋白质、脂肪的代谢及氧化过程,还可参与有害酚化合物形成苯硫酸而起解毒的作用,促进含硫氨基酸的合成,增强机体的抵抗力。硫可提高奶牛产奶量,增加乳蛋白和乳脂含量,增加血液中维生素 A、维生素 B 等的浓度。奶牛日粮中如果缺硫,会使奶牛对干物质的采食量及消化率降低,产奶量下降,增重缓慢。但饲喂过量的硫,也会降低饲料采食量,加重泌尿系统负担或引起急性中毒。

大部分能满足蛋白质需要的日粮,基本也能满足硫的需要。通常只有在饲喂大量非蛋白氮或青贮玉米时,需要考虑硫的补充。一般日粮的氮、硫比例宜控制在 10～12 : 1,日粮干物质中含硫 0.2%即可满足奶牛需要。

内蒙古畜牧科学院动物营养研究室卢德勋研究员提出的奶牛各泌乳阶段常量矿物质元素需要量见表 2-3。

表 2-3 奶牛矿物质常量元素需要量 (占干物质的百分数)

项 目	干奶期	围产期	泌乳盛期		泌乳中期	泌乳后期
			>30 千克	<30 千克		
钙	0.5	0.6	0.9	0.9	0.7	0.65
磷	0.25	0.3	0.5	0.5	0.4	0.4
镁	0.2	0.25	0.35	0.35	0.3	0.25
硫	0.16	0.2	0.25	0.25	0.23	0.23
钠	0.15	0.1	0.3	0.3	0.25	0.23
钾	0.65	0.65	1	1	0.9	0.9
氯	0.2	0.2	0.3	0.3	0.25	0.25

二、微量元素

(一)铁　铁是血红蛋白、细胞色素和酶的组成成分之一，也是牛奶中的必要组分。铁缺乏时，奶牛会出现红细胞性贫血，肢体无力，采食量和体重下降，还能降低免疫系统的功能，导致发病率和死亡率增加。奶牛对铁的需要量为每千克日粮干物质含铁50毫克。牛对铁的耐受性很高，中毒症状是腹泻、采食量和体重降低，高铁日粮会影响铜和锌的吸收。

禾本科秸秆、油籽饼、糠、甘蔗渣、血粉和鱼粉中含铁丰富。在正常生理情况下，铁被组织吸收后可被高效还原和再利用，铁的维持需要可以被忽略。由于奶牛体内排泄的铁量有限，因此成年奶牛为了维持其体内铁的平衡，每日吸收的铁量并不高。当给铁多时，吸收率会更低。若是在幼年或机体需要铁时，饲料铁的吸收率则会显著提高。

(二)钴　钴是维生素B_{12}的组成成分，在奶牛日粮中提供足够的钴，奶牛瘤胃微生物可在体内合成维生素B_{12}，则日粮中可不需再补充维生素B_{12}。奶牛每千克日粮干物质钴的需要量为0.11毫克，然而很多地区的牧草钴含量低于这一水平。因此，在放牧条件下常常出现钴缺乏。奶牛缺钴时，食欲减退，精神委靡，生长受阻，瘦弱，黏膜苍白，被毛粗乱，步态蹒跚，产奶量减少。

一般动物性饲料中含钴量较丰富且生物学价值也高，酵母、糖蜜中含钴量也高。植物性饲料中，豆科植物的钴含量比禾本科植物高，种子部分含钴量高于植株部分，种皮含钴量高于种仁部分。

(三)铜　铜是构成血红蛋白和一些酶的成分，具有催化血红蛋白合成的作用。铜对维持瘤胃正常的微生物区系是必需的，瘤胃液中铜的浓度变动范围为0.1～1毫克/升，主要来源于饲料。奶牛铜缺乏易造成贫血，影响造血功能，运动失调，被毛粗糙和褪色，毛的组织结构发生变化，四肢骨端肿大，骨骼脆弱易骨折，繁殖障碍，生长较慢或体重下降，体弱，产奶量下降等。

铜广泛存在于饲料中，富含铜的植物性饲料包括油籽饼、苜蓿草粉、甘蔗渣、糖蜜和酵母，动物性饲料包括骨粉、肉骨粉等。常规饲料中含有的铜基本上能满足奶牛各种生理活动功能的需要，除非是来自于缺铜地区的饲料或饲料中含有某些铜的拮抗物质或机体吸收代谢功能发生障碍，才可能发生铜的不足或缺乏。奶牛泌乳期对铜的需要量更高，一般日粮中铜的需要量为每千克干物质含铜 12～15 毫克。

（四）锰 锰参与形成骨骼基质中的硫酸软骨素，是成骨作用的必需元素。锰能维持众多酶的活性。缺锰会导致奶牛生产受阻、骨骼畸形、犊牛软组织增生引起关节肿大和新生犊牛畸形，繁殖功能受阻或紊乱，妊娠初期易流产等症状。

植物饲料中锰含量的变化很大，主要取决于植物的品种、生长的土壤类型以及土壤中锰的含量。富含锰的饲料包括甜菜渣、三叶草、糠麸、油籽饼，所有谷物作物、禾本科和豆科植物中锰含量均很贫乏。奶牛对饲料中的锰吸收率非常低，平均只有 2%～5%，成年奶牛可达到 8%～10%。奶牛锰的需要量为每千克日粮干物质中含锰 40 毫克。

（五）锌 锌是牛体内多种酶的成分，参与核酸、蛋白质和碳水化合物的代谢。奶牛缺锌时食欲下降，生长减慢，睾丸生长发育受阻，蹄质变弱，脱毛，皮炎，角质化不全等。奶牛锌的需要量为每千克日粮干物质含锌 50 毫克。

植物中锌含量随其成熟度而降低，谷物子实含锌量种间差异不大，锌在谷物子实中的分布与镁一致，在表皮中含量高，因此粮食加工后的副产品如麸皮、胚芽含锌量比子实高 2～3 倍。动物性饲料如肉粉、鱼粉等的含锌量远远高于植物性饲料，而且它们所含的锌生物学价值也高。骨肉粉含锌量高，但利用时必须注意，因为高钙会减少奶牛机体对锌的吸收。豆科植物、酵母含锌量较高，禾本科植物含量最低。粮食加工副产品中含锌量高，如糠麸类和饼粕类，其次为豆类、谷实类、草粉、薯粉，每千克饲料样品（含 87%

干物质)中含锌10毫克左右。块根、块茎含锌量贫乏,一般为4～6毫克/千克。饲料中的锌含量受土壤中锌含量的直接影响。一般植物性饲料中锌的吸收率和利用率较差,而动物性饲料中锌的吸收率和利用率较高。

(六)硒 硒作为谷胱甘肽过氧化物酶的组成成分,发挥抗氧化作用。硒缺乏时会出现白肌病和肌肉营养不良症,这些疾病的临床症状是腿脆弱和硬化,跗关节弯曲,肌肉颤抖,心肌和骨骼可见明显的条纹且坏死。给母牛妊娠后期补加或注射硒,会降低胎衣不下的发病率。

植物中的硒含量与其生长的土壤含硒量高度相关。在我国东北、西北和华东一带存在缺硒地区,这些地区必须重视在饲料中补硒。而我国陕西省紫阳县和湖北省恩施县部分地区则为高硒土壤地区,这些地区的家畜常常会发生硒中毒。

鱼粉中含有较高的硒,草粉和草叶粉次之,再次为饼粕类和糠麸类。牧草叶含硒量高于茎秆1.5～2倍。谷物和薯类含硒量较低,其中玉米含硒量较少。除奶产品外,其他大部分动物副产品含硒量都较高。肌肉中的硒浓度与日粮中的硒浓度呈高度正相关。牛奶中的硒含量主要受饲料中硒含量的影响。在奶牛饲料中补充硒或给奶牛注射硒制剂,牛奶中的硒浓度会迅速提高。

奶牛硒的需要量为每千克日粮干物质含硒0.3毫克。硒具有毒性,每千克日粮干物质含硒2毫克是奶牛的最大耐受水平。

(七)碘 碘参与合成甲状腺素,当碘缺乏时甲状腺素产生减少,从而降低了所有细胞的氧化率,通常泌乳牛在妊娠时会发生胎儿死亡。成年牛缺碘会导致甲状腺肿大,繁殖率降低,死亡率增高。

除了海藻之外,植物中含碘量均很少,海产品含碘量高。我国缺碘具有一定的地区性,在我国的西南、西北和某些内地山区缺碘,即使在一些不缺碘的地区,奶牛常用饲料中的含碘量也不能完全满足其需要,生产中常需补充。奶牛碘的需要量为每千克日粮

干物质含碘0.33毫克。无公害牛奶生产中，奶牛日粮干物质的含碘量不得超过0.5毫克/千克。

美国国家研究委员会2001年规定的微量元素需要量见表2-4。

表2-4 美国国家研究委员会(2001)微量元素需要量 (毫克/千克)

微量元素	干奶期(妊娠天数)			泌乳初期(日产奶量，千克)				泌乳盛期(日产奶量，千克)			
	240	270	279	25	25	35	35	25	35	45	54.4
钴	0.11	0.11	0.11	0.11	0.11	0.11	0.11	0.11	0.11	0.11	0.11
铜	12	13	18	16	13	16	13	11	11	11	11
碘	0.4	0.4	0.5	0.88	0.73	0.77	0.64	0.6	0.5	0.44	0.4
铁	13	13	18	19	16	22	19	12.3	15	17	18
锰	16	18	24	21	17	21	17	14	14	13	13
硒	0.3	0.3	0.3	0.3	0.3	0.3	0.3	0.3	0.3	0.3	0.3
锌	21	22	30	65	54	73	60	43	48	52	55

(八)铬 铬作为葡萄糖耐受因子不可缺少的组成成分，可促进胰岛素与细胞受体结合，加强胰岛素的活动和作用，刺激组织对葡萄糖的摄取。此外，铬在蛋白质和核酸的代谢中也发挥着重要的作用，是维持核酸结构必需的营养物质。Yang等(1996)指出，铬提高初产奶牛产奶量的因素主要与糖异生作用增强有关。李绍钰等(1999)在6月下旬至8月初的高温季节，给奶牛补充吡啶羧酸铬，可使每头奶牛日产奶量平均比对照组增加2.44千克，提高了16.15%，且有利于缓解热应激。Suhiyetno等(1993)报道，初产奶牛日粮中补充0.5毫克/千克的螯合铬，可增加奶牛采食量，提高7%～10%的产奶量，同时乳品质量也得到改善。

第四节 奶牛对维生素的需要

维生素是奶牛维持正常生产性能和健康所必需的营养物质，

它的功能包括参与许多代谢过程、细胞免疫功能和基因表达控制。

一、维生素 A

维生素 A 主要参与机体许多功能的调节，维持机体细胞的正常生长和增殖，保护呼吸系统、消化系统和生殖系统上皮细胞组织结构的完整健康，保持正常的视力都需要维生素 A。同时，维生素 A 还参与性激素的形成，对提高奶牛的繁殖力有着重要作用。维生素 A 缺乏时，消化道、呼吸道、泌尿生殖道等易受感染，会导致感冒、肺炎、腹泻、食欲减退、流产、胎衣不下、子宫炎等疾病。维生素 A 与母牛的繁殖力和胎儿的生长发育密切相关，缺乏时可引起母牛阴道黏膜上皮角质化、流产、胎衣不下和子宫内膜炎等。据报道，围产期每日补充维生素 A 12 万单位或胡萝卜素 600 毫克，则产后中性粒细胞功能增强；每日补充胡萝卜素 600 毫克，淋巴细胞功能增强。补充维生素 A 和胡萝卜素能使胎衣不下的发生率下降 28%；补充 β-胡萝卜素能使子宫内膜炎发生率下降 50%。大多数报道认为现行的美国国家研究委员会标准中关于奶牛维生素 A 的需要量是不够的，建议维生素 A 增加 50 单位，应为 3 000～4 000 单位/千克干物质。

奶牛所需的维生素 A，主要来自于日粮中的 β-胡萝卜素，1 毫克 β-胡萝卜素相当于 400 单位的维生素 A。一般新鲜牧草含有较多的 β-胡萝卜素，幼嫩的比老的含量多。β-胡萝卜素在青绿牧草干燥、加工和贮藏过程中易遭到氧化破坏，效价明显降低。此外，瘤胃可降低 β-胡萝卜素的效价。据报道，日粮中补充的维生素 A 大约有 60%在瘤胃中被破坏。推荐泌乳牛和妊娠后期牛维生素 A 的需要量为每日 75 000～100 000 单位。

二、维生素 D

维生素 D 参与钙、磷代谢和免疫功能，最基本的功能是促进肠道钙和磷的吸收，维持血液中钙、磷的正常浓度，促进骨骼和牙

齿的钙化。维生素D缺乏将导致骨骼钙化不全，引起犊牛佝偻病和成年牛的骨软症。用高青贮日粮和高精饲料日粮喂牛时，配合日粮中常需添加维生素D添加剂。舍饲奶牛光照不足，特别容易发生维生素D缺乏症。

奶牛有2个主要的自然维生素D来源，即奶牛皮下的7-脱氢胆固醇在阳光照射下转化为维生素D_3和植物含有的麦角固醇经阳光照射转化为维生素D_2。维生素D_3主要来源于动物性饲料，以鱼肝油中含量最高，其次是蛋黄、全脂乳等。维生素D_2主要来源于经暴晒干燥的豆科或禾本科牧草（植物中的维生素D原经紫外线照射后转变为维生素D_2）。

最近的研究还表明，维生素D对碳水化合物和蛋白质的代谢也有一定作用。血浆维生素D的适宜生理水平应维持在20～25毫克/毫升。据报道，给采食青贮基础日粮的舍饲干奶牛，每日补饲1万单位的维生素D（大约为20单位/千克体重）可满足其对维生素D的需要量，并减少乳热症的发生。推荐泌乳牛和妊娠后期牛每日维生素D需要量为21 000～25 000单位。对于舍饲的奶牛，美国国家研究委员会建议每千克体重补充30单位。

三、维生素E

维生素E的生理功能主要是作为脂溶性细胞的抗氧化剂，保护细胞膜尤其是亚细胞膜的完整性，增强细胞和体液的免疫反应。维生素E与微量元素硒有密切关系，主要作用在于防止细胞膜的损坏。奶牛维生素E缺乏症一般表现为犊牛肌肉营养不良，急性表现为心肌变性（突然死亡），亚急性表现为骨骼肌变性（运动障碍）。最初症状包括腿部肌肉萎缩，引起犊牛后肢步态不稳，系部松弛和指（趾）部外向，舌肌组织营养不良，损害犊牛的吮乳能力。成年母牛受胎率下降或产死胎、弱犊。

维生素E主要来源于植物性饲料，以脱水苜蓿含量最高，其次是小麦麸、棉籽粕、菜籽粕、玉米胚芽饼和青绿饲料、优质青干草等。

维生素 E 是一种不可缺少的营养物质，并广泛应用于奶业生产、奶牛繁殖和疾病防治中。近来报道，繁殖失调（最突出的是胎衣不下）和乳房炎的发生率与维生素 E 的摄入量有关。许多报道认为，在适当补充硒的情况下，每日给干奶牛补充维生素 E 1 000 单位能减少胎衣不下的发生率。另有报道称，在干奶期的最后 2 周，于日粮中添加维生素 E 4 000 单位/日，乳房炎的临床发病率可减少 80%，通常的处理原则是在产犊前 3 周一次注射约 700 单位的维生素 E 和 50 毫克的硒。美国国家研究委员会研究结果表明，应提高干奶期维生素 E 的需要量值，围产期给奶牛喂给维生素 E 25～50 单位/千克干物质是必要的。推荐泌乳牛每日的维生素 E 需要量为 500～800 单位，妊娠后期牛为 1 100～1 220 单位。

四、维生素 K

维生素 K 与生物合成骨骼钙沉积的蛋白质有直接关系，它在骨骼形成与骨质化过程中积极参与钙的代谢。维生素 K 分为维生素 K_1 和维生素 K_2。维生素 K_1 的主要来源是各种新鲜或干燥的绿叶，维生素 K_2 多在瘤胃中合成。如果奶牛日粮中精饲料过多，优质粗饲料过少，则需要补充维生素 K。

五、B 族维生素

奶牛对 B 族维生素的需要量一般以不出现明显缺乏症为标准。奶牛瘤胃微生物能够合成足够量的 B 族维生素，正常条件下不需要向其日粮中补充 B 族维生素。然而，随着奶牛品种的改良和养殖集约化程度的提高，奶牛的产奶量显著提高，对营养水平提出了更高的要求。B 族维生素作为机体营养代谢途径中重要的辅助因子，其需要量也必须得到相应的提高。研究表明，高产奶牛整个身体实际处于一种亚健康状态，为了维持高产奶牛的正常体况和生产性能，必须提供营养全面的日粮。目前，许多研究证实奶牛日粮中添加 B 族维生素是大有益处的，的确能够改善奶牛的生产性能。

第五节　奶牛围产期常用的添加剂饲料

添加剂饲料即添加剂预混料，在配合饲料中所占的比例一般为1%～10%，有的仅占百万分之几，添加量极微，但对提高饲料报酬、改善饲料品质、促进奶牛健康生长发育、提高经济效益都有很明显的作用。添加剂饲料主要包括维生素添加剂、氨基酸与非蛋白氮添加剂、缓冲剂、微量元素添加剂、纤维素添加剂等，目前市场上均有出售，应根据实际需要选择。

一、微量元素添加剂

奶牛每日采食饲料品种较多，长期以来，在奶牛饲养过程中未加微量元素，也未发现异常现象。近年来，随着对微量元素重要性的认识不断加深，日粮中除了补充钙、磷、食盐外，在全价平衡日粮中补加铁、锰、锌、钴、硒、铜、碘等的微量元素逐渐增多。为了能充分发挥微量元素的生理作用，合理使用，防止盲目性，使用时应注意以下几点。

第一，动物需要的微量元素主要来源于植物性饲料，植物中微量元素的含量又受土壤、水中微量元素的影响，故其缺乏症或过多症呈区域性。因此，应对本地区土壤、植被、饮水等的微量元素含量进行调查，掌握其真实含量，做到心中有数。

第二，添加微量元素时，应该做到缺什么、补什么。

第三，机体内各种微量元素的含量处于相对平衡的状态之中，补充时，应考虑其各种微量元素之间的相互关系，防止一种元素增多而引起另一种元素相对缺乏。

第四，已查明本地区存在着微量元素缺乏或过多，又出现了地方性营养缺乏症或过多症，应及时采取相应防治措施，尽快消除其对生产造成的不良影响。

(一)无机微量元素添加剂　微量元素添加剂常以这些元素的

无机盐或有机盐类以及氧化物、氯化物形式添加到饲料中。配合饲料中最常用的为氧化物与硫酸盐。

1. 铁 常用作饲料添加剂的有硫酸亚铁、硫酸铁、碳酸铁、柠檬酸铁(枸橼酸铁)、柠檬酸铁铵、葡萄糖酸铁、富马酸铁(延胡索酸铁)、搭配螯合铁等。最常用的为硫酸亚铁,其利用率高,成本低。一般认为无论是含7个结晶水的,还是不含结晶水的,其生物利用率均为100%。氧化铁几乎不能被动物吸收利用。有机铁的生物利用率高于硫酸亚铁,在配合饲料中稳定性好,不影响其他成分的活性,但因其成本高,只有少数应用于幼畜日粮中。

硫酸亚铁有3种形式,即无水硫酸亚铁($FeSO_4$)、一水硫酸亚铁($FeSO_4 \cdot H_2O$)和七水硫酸亚铁($FeSO_4 \cdot 7H_2O$),三者的含铁量分别为36.8%,32.9%和20.1%。七水硫酸亚铁为淡绿色结晶或结晶性粉末,含有一定量的游离水和结晶水,未经脱水处理的,其性质不稳定,在加工和贮藏过程中易被氧化为不易被动物利用的三价铁,易吸湿、结块,不仅影响其粉碎性能和流动性能,而且对维生素有破坏作用,一般不宜用作饲料添加剂,必须进行烘干脱水处理。一水硫酸亚铁为灰白色粉末,不易吸湿,加工性能好,与其他成分的配伍性好,配合饲料中常用作添加剂。无水硫酸亚铁为灰白色粉末,无臭,易溶于水,不溶于乙醇,有吸湿性,在配合饲料中添加较好。

亚铁盐中的铁氧化成三价铁后,颜色由绿色变为褐色,表示氧化铁含量增加。若氧化铁含量大于0.8%～1%,游离硫酸含量大于0.2%,则品质不好。

2. 铜 常用作饲料添加剂的有硫酸铜、碳酸铜、氧化铜、氨基酸螯合铜等,其中最常用的为硫酸铜,其次为氧化铜。

硫酸铜的生物利用率最高,在饲料中的应用最为广泛。它有3种存在形式,即无水硫酸铜($CuSO_4$)、一水硫酸铜($CuSO_4 \cdot H_2O$)和五水硫酸铜($CuSO_4 \cdot 5H_2O$),三者含铜量分别为39.8%,35.8%和25.5%。五水硫酸铜为蓝色无味结晶或结晶性

粉末，易吸湿返潮、结块，对饲料中的养分有破坏作用，不易加工，易使不饱和脂肪酸氧化，对维生素的活性有破坏作用，加工前应进行脱水处理。无水硫酸铜为青白色无味粉末，常作为添加剂使用。

3. 锰 常作为饲料添加剂的有硫酸锰、氧化锰、碳酸锰、氨基酸螯合锰等，其中最常用的是硫酸锰、氧化锰和碳酸锰。

硫酸锰有 2 种形式，即一水硫酸锰（$MnSO_4 \cdot H_2O$）和五水硫酸锰（$MnSO_4 \cdot 5H_2O$），含锰量分别为 32.5%和 22.8%。市场上出售的一般为一水硫酸锰，为淡粉红色粉末，无臭，易溶于水，较易溶于甘油，几乎不溶于乙醇，有中等吸湿性，高温、高湿条件下贮存过久易结块。五水硫酸锰为浅蔷薇色结晶粉末，在空气中易风化，开始失去结晶水。

4. 锌 常用作饲料添加剂的有硫酸锌、氧化锌、碳酸锌、氨基酸螯合锌，其中前 3 种的生物学效价基本相同。氨基酸螯合锌的生物学利用率高于前 3 种无机锌。硫酸锌常用作饲料添加剂的有 2 种，即七水硫酸锌（$ZnSO_4 \cdot 7H_2O$）和一水硫酸锌（$ZnSO_4 \cdot H_2O$）。七水硫酸锌为无色结晶或白色结晶粉末，在空气中易风化，易吸湿结块，影响饲料加工质量和维生素的有效性，在配合使用前必须进行脱水处理。一水硫酸锌为白色、无味粉末，可由七水硫酸锌加热、脱水制成，是配合饲料常用的补锌添加剂，使用方便，无须特殊处理。氧化锌（ZnO）为白色粉末，含锌量高，成本低，稳定性好，对饲料中的维生素影响小，贮存时间长，不结块，不变性，具有良好的加工特性，生物学利用率同硫酸锌，是良好的补锌饲料添加剂，在保存时应注意不要接触二氧化碳，因其易吸附二氧化碳变成碳酸锌。

5. 硒 常用作饲料添加剂的有亚硒酸钠（Na_2SeO_3）和硒酸钠（Na_2SeO_4），配合饲料中常用亚硒酸钠，其生物学效价高于硒酸钠。有机硒生物学效率高于无机硒，效果好，但由于价格高未被推广使用。亚硒酸钠为无色结晶粉末，易溶于水，在化学物质中属剧毒物质，须加强管理，在饲料中用量要严格控制，磨细混匀时，操作

人员应备有防护面罩、手套，防止吸入和黏附皮肤，空气中含硒量的临界值不能超过0.1～0.2毫克/立方米。动物的需要量和中毒量相差不大，在配合饲料中添加时应特别小心，不得超量添加。常以含硒预混料的形式添加，不得以化合物的形式直接添加，这种预混料的含硒量不得高于200毫克/千克。含硒的预混料应标明含硒字样及其含量，在标签中应明确注明使用方法。

6. 碘 常用作饲料添加剂的为碘化钾（KI）与碘酸钙[$Ca(IO_3)_2$]。碘化钾的生物利用率高，但稳定性差，在微量元素预混料中，碘易挥发造成损失，常以柠檬酸铁和硬脂酸钙作为保护剂。碘酸钙较稳定，其生物学效价与碘化钾相似，故国外使用较多。

碘化钾为无色、白色结晶或结晶粉末，很咸，微苦，易溶于水、乙醇和甘油。溶液无色透明，呈中性，在阳光下变成褐色，在潮湿空气中少量潮解。

碘酸钙为白色结晶或结晶性粉末，无味或略带有碘味。其产品有无结晶水、1个结晶水[$Ca(IO_3)_2 \cdot H_2O$]和6个结晶水[$Ca(IO_3)_2 \cdot 6H_2O$]3种。饲料添加常用无结晶水或1个结晶水的化合物，其产品基本不吸水，微溶于水，很稳定，利用率与碘化钾相似，由于其溶解度低，适用于补充非液体饲料中的碘缺乏，有取代碘化钾的趋势。

7. 钴 常用作饲料添加剂的有碳酸钴、硫酸钴和氯化钴，这些化合物都能被奶牛很好地利用。

含7个结晶水的硫酸钴（$CoSO_4$）具有光泽，无臭，为暗红色透明结晶或桃红色砂状结晶，由于吸湿、返潮易结块，影响产品加工质量。饲料中常用一水硫酸钴，为淡红色粉末，无臭，可缓慢溶于水，较难溶于乙醇。

碳酸钴（$CoCO_3$）为粉红色或紫色细粉，无臭，室温下稳定，不溶于水，吸湿性低，与其他微量活性成分配伍性好，具有良好的加工特性，生物学利用率较高，故应用最为广泛。

氯化钴($CoCl_2$)为红色或紫色结晶，有吸湿性，一般是含 6 个结晶水的产品($CoCl_2 \cdot 6H_2O$)，在 40℃～50℃下逐渐失去水分，140℃时不含结晶水变为青色。氯化钴是我国应用最为广泛的钴源添加物。

(二)有机微量元素添加剂和微量元素、氨基酸、蛋白质螯合物

1. 有机微量元素添加剂 无机微量元素添加剂在我国畜禽养殖业中广泛使用，给我国畜牧业带来了巨大的经济效益，但是由于日粮中超量添加的问题，不但造成了资源的浪费，畜禽粪便因含有较高的微量元素还造成了严重的环境污染，影响人民的健康。因此，出现了第二代微量元素添加剂——有机微量元素添加剂。

有机微量元素添加剂饲喂效果优于无机盐类，目前使用的有机微量元素添加剂包括乳酸锌、乳酸亚铁、富马酸铁、葡萄糖酸锌、吡啶羧酸铬、吡啶羧酸钴、对氨基苯砷酸等。

2. 微量元素、氨基酸、蛋白质螯合物 由于无机盐类和有机盐类添加剂在补饲动物时，都不同程度地存在吸收率低的问题，而且目前使用的大量矿物盐对饲料维生素的稳定性等影响较大，因而出现了第三代微量元素添加剂——微量元素、氨基酸、蛋白质螯合物。微量元素、氨基酸、蛋白质螯合物在国外已用作饲料添加剂。1989 年美国食品药物管理局(FDA)已批准的矿物质添加剂中，就包括铁、锰、铜、锌等的氨基酸结合物和螯合物，同时还公布了氨基酸的金属络合物(包括氨基酸钴、氨基酸铜、氨基酸铁、氨基酸锰、氨基酸锌等)、金属蛋白盐(包括蛋白铜、蛋白锌、蛋白铁、蛋白钴、蛋白锰等)。我国从 20 世纪 90 年代初由东北农业大学成功地研制了铁、铜、锰与赖氨酸、蛋氨酸、甘氨酸的螯合物。也有许多研究部门合成制备出多种氨基酸、微量元素螯合物，并用于动物试验研究。

(三)奶牛对微量元素的最大耐受水平和毒性剂量 奶牛使用微量元素添加剂的依据是它们不同生理阶段对微量元素的需要量。有些微量元素在奶牛日粮中的正常剂量和中毒剂量差距不

大，如不注意，添加多了就有可能引起中毒。各种微量元素对奶牛的毒性标准见表 2-5。

表 2-5 奶牛对各种微量元素的最大耐受水平和中毒剂量

（单位：毫克/千克日粮干物质）

微量元素	最大耐受水平	中毒剂量	微量元素	最大耐受水平	中毒剂量
钴	10	30	锰	1000	400
铜	100	20	钼	—	50
铁	1000	1000	硒	2	5
碘	50	50	锌	500	1700

注：表中中毒剂量资料来源于《饲料添加剂》(1989)；最大耐受水平资料来源于《奶牛营养需要》(美国国家研究委员会，第六次修订，1992)

某种微量元素的毒性剂量受到很多因素的影响，对不同元素毒性作用的报道也不尽相同，本书引用的毒性标准，仅作参考。

(四)各种微量元素间的相互作用及合理比例 当各种微量元素添加量确定后，还需考虑各种微量元素间的关系。微量元素间有协同作用和拮抗作用。协同作用表现为在吸收过程中的相互促进，在代谢过程中协调与增效。拮抗作用表现为在吸收过程中彼此抑制。各种微量元素间的相互干扰作用及建议日粮中的使用比例见表 2-6。

(五)微量元素的补饲方法 最简单的补饲方法就是混入精饲料内喂给，此法主要是混匀工艺比较困难。其他补饲方法有以下 3 种。

1. 舔砖法 将奶牛所需的各种微量元素、食盐、非蛋白氮、糖蜜和一些能量饲料混合在一起制成矿物质营养舔砖，放在饲槽或运动场中，让牛自由舔食。这是一种比较好的微量元素补饲方法，在补充微量元素的同时还可以补充其他营养物质，平衡瘤胃内环境，提高饲料利用率。如果饲料中添加了微量元素预混料，就没有必要再使用舔砖了。

表 2-6　各种微量元素间的相互干扰作用及建议日粮中的使用比例

元素	干扰元素	影响功能	建议添加比例	元素	干扰元素	影响功能	建议添加比例
钙	磷	吸收	2∶1	铜	钼	吸收与排泄	≥4∶1
镁	钾	吸收	0.15∶1	铜	锌	吸收与排泄	0.1∶1
镁	钙	吸收	0.5∶1	钼	铜	吸收与排泄	钼∶铜有干扰
磷	铜	排泄	1000∶1	钼	钙	吸收	≥0.01∶1
磷	钼	排泄	≥7000∶1	锌	铜	吸收	10∶1
磷	锌	排泄	100∶1	锌	镉	细胞结合	锌∶镉有干扰
铜	硫	吸收与排泄	铜∶硫有干扰				

引自《饲料添加剂》(1989)

2. 缓释丸法　微量元素缓释丸由口腔投入瘤胃，它们在那里滞留并不断缓慢释放所补饲的矿物质元素，然后吸收到血液内。目前，已有钴丸、硒丸、锌丸市售。

3. 皮下注射、肌内注射或口服　一般在缺乏比较严重时或产前使用这种方法，不能和微量元素添加剂同时使用。

二、维生素添加剂

维生素是维持奶牛正常生命活动所必需的一类特殊的有机营养物质，虽然它们不供给能量，不是机体组织的构造和修复成分，但在维持生理功能上是不可缺少的。若饲料中缺乏任何一种维生素都会引起特定的营养性疾病，即维生素缺乏症。多数维生素是某些酶的辅基组成部分，在物质代谢中起着重要的催化作用。在正常饲养管理条件下，自然中新鲜的植物性饲料都含有大量的维生素或足够的维生素前体。由于奶牛瘤胃中微生物群能合成 B 族维生素和维生素 K，因此这些维生素不必从日粮中专门供给。饲料中维生素的含量，由于饲料种类、加工、贮藏的条件不同，其含量变化甚大。因此，奶牛仍会发生维生素缺乏症，特别应注意维生素 A、维生素 D、维生素 E 的缺乏。

(一)维生素 A 添加剂 维生素 A 又叫视黄醇、抗干眼病维生素，用作饲料添加剂的目前主要以合成的维生素 A 产品为主。维生素 A 醇的稳定性较差，极易被破坏，不便应用。常制成维生素 A 醋酸酯、维生素 A 棕榈酸酯和维生素 A 丙酸酯，以提高其稳定性，然后进行包被，制成维生素 A 酯微粒胶囊，从而隔绝维生素 A 与空气、光线等的直接接触，达到防止维生素 A 酯氧化的目的。我国目前常用的维生素 A 添加剂多为此种制剂。

维生素 A 目前采用"单位"表示其活性或动物的需要量。在实践中常用重量来衡量其需要或活性，其不同单位的换算关系为：

1 单位维生素 A＝0.3 微克维生素 A 醇(结晶视黄醇)
＝0.344 微克维生素 A 醋酸酯
＝0.55 微克维生素 A 棕榈酸酯
＝0.358 微克维生素 A 丙酸酯
＝1 美国药典单位(USP)

我国维生素饲料添加剂的标准规定，市售的维生素 A 醋酸微粒胶囊，维生素 A 含量为每克含 30 万单位、40 万单位、50 万单位，为灰黄色至淡褐色颗粒，易吸湿，遇热、酸性气体、光或吸湿后分解。

(二)维生素 D 添加剂 维生素 D 又称抗佝偻病维生素，有 D_2 和 D_3 2 种类型，对哺乳动物来说，维生素 D_2 和维生素 D_3 的活性基本相同，但维生素 D_3 较维生素 D_2 稳定性要好。因此，维生素 D_3 多用作饲料添加剂。

维生素 D_3 与热、潮湿和某些无机元素、氧化剂等直接接触时，容易被破坏而失效。商品维生素 D 制剂为维生素 D 微粒胶囊制剂。我国饲料添加剂标准规定，商品维生素 D 微粒标示量为每克含 50 万单位、40 万单位、30 万单位，为米黄色或黄棕色微粒，遇热、见光或吸潮后易分解、降解。

1 单位维生素 D＝0.025 微克结晶维生素 D_3 或维生素 D_2
＝1 美国药典单位

(三)维生素 E 添加剂　维生素 E 又叫生育酚、抗不育症维生素，是一组具有生物活性的化学结构相似的酚类化合物，其中以α-生育酚活性最高。自然界存在的 D-α-生育酚醋酸酯效价最高，人工合成的维生素 E 是 DL-α-生育酚醋酸酯。

维生素 E 是一种抗氧化剂，在饲料中很容易被氧化破坏，所以同维生素 A、维生素 D 制剂一样通常制成微粒胶囊。

1 单位维生素 E=1 毫克 DL-α-生育酚醋酸酯

=1 美国药典单位

1 毫克 D-α-生育酚醋酸酯相当于 1.36 单位维生素 E

1 毫克 D-α-生育酚相当于 1.49 单位维生素 E

我国市售维生素 E 饲料添加剂为白色或淡黄色粉末，每克含 500 单位维生素 E 或含量为 50%的产品。

(四)烟酸(维生素 PP)　烟酸具有升糖的作用，在奶牛饲料中添加烟酸，可提高血糖浓度，增加体内能量的供应，缓解了早期的能量应激。同时，可提高体内烟酰胺腺嘌呤二核苷酸(NAD)和烟酰胺腺嘌呤二核苷酸磷酸(NADP)的水平，有效地促进营养物质的利用并促进大部分营养素用于泌乳；促进瘤胃微生物生长，提高菌体蛋白的合成，维持瘤胃内合适的挥发性脂肪酸比例并通过调节脂肪代谢，减轻奶牛泌乳早期能量应激以及预防酮病的发生，从而提高繁殖性能。日本、法国、荷兰等的研究表明，添加烟酸能使产奶量提高 2.3%～11.7%，乳脂率提高 2%～13.7%。目前，推荐烟酸的添加水平为产犊前 2 周每日每头 6 克，连续饲喂到采食量达到高峰(产后 80～120 天)。欧洲的研究人员发现添加 3 克即有效果，但生产中的推荐量为 10～12 克/日。美国以提高产奶量作为评价指标的试验结果表明，添加烟酸的投入、产出比为 1∶6 (每头牛每日喂给 6 克，投入为 0.06 美元，提高产奶量的产出为 0.39 美元)。尤其对产奶量在 8 000 千克以上的高产牛群和发生能量负平衡、酮病、干奶期体重超重以及泌乳早期干物质采食量低的牛，通过使用烟酸改善脂类代谢，会产生积极效果，并能减少卵

巢囊肿的发生率，缩短了产后第一次的发情时间(表 2-7)。

表 2-7　奶牛日粮中添加烟酸对生产性能的影响

项　目	与对照相比改变的幅度			
	试验数量	产奶量(千克)	乳脂(%)	乳蛋白(%)
常规日粮	19	+0.76	+0.156	+0.06
添加脂肪日粮	5	−0.36	−0.044	+0.1

(五)生物素(维生素 H)　为机体代谢中传递甲基的辅酶，可参与核酸和蛋白质的合成。Bonomi 等研究发现，在泌乳期的前 5 个月，每日在每头奶牛日粮中添加 20 毫克生物素，试验组的产奶量比对照组提高了 4.7%，乳脂率和乳蛋白含量也有所上升，提高幅度为 3.45%和 4.3%，并且繁殖力和蹄部健康得到改善，产犊后发情周期缩短，受胎率提高。

三、氨基酸和非蛋白氮添加剂

氨基酸添加剂包括蛋氨酸、赖氨酸、谷氨酸、甘氨酸、色氨酸和苏氨酸。在饲料中添加氨基酸，可以补充某些氨基酸的不足，平衡氨基酸比例。在常规饲养管理条件下，反刍动物所需氨基酸的 50%～100%来源于瘤胃微生物蛋白质，其余来自于饲料。中等以下生产水平的奶牛，仅微生物和少量过瘤胃蛋白质所提供的必需搭配足以满足需要。但对高产奶牛，上述来源的氨基酸远不能满足需要，限制了生产潜力的发挥。添加氨基酸添加剂时由于用量较大，对配合饲料的成本有很大影响。因此，在选择氨基酸的添加量时，可采用直接测定饲料中氨基酸的含量或查找饲料成分表，然后同饲养标准对比，确定一个适宜的添加量。往饲料中添加氨基酸，是在蛋白质水平满足的情况下，补充必需氨基酸的不足，具体的添加种类和数量应根据基础日粮中各原料组成、不同生产水平和生理状态不同而有所差别。

目前，上市的奶牛用氨基酸添加剂主要为瘤胃保护性氨基酸

产品。国外开发的主要是采用化学保护方法的产品，如N-羟甲基-DL-蛋氨酸钙、DL-蛋氨酸羟基类似物（MHA）及其钙盐（MHA-Ca）、RHODIMET^{TM} AT88（液体，法国）以及氨基酸金属螯合物（蛋氨酸锌、蛋氨酸硒、蛋氨酸铜、蛋氨酸钙、赖氨酸锌等）。

（一）氨基酸添加剂

1. DL-蛋氨酸羟基类似物及其钙盐 蛋氨酸羟基类似物是美国孟山都公司于1956年首先开发的蛋氨酸替代品。作为饲料添加剂应用的主要有DL-蛋氨酸羟基类似物和DL-蛋氨酸羟基类似物钙盐。

DL-蛋氨酸羟基类似物又名液态羟基蛋氨酸，通常为深褐色黏性液体，有硫化物的特殊气味。液态羟基蛋氨酸在使用时是用液体添加设备直接喷入混合机中，这种加入方式的优点是添加量准确，操作简单，无粉尘，节省人力，降低贮存费用等，但受到生产规模的限制，一般10万吨以上的饲料厂才适宜安装添加设备，规模小的不适用。

羟基类蛋氨酸钙是用液态的羟基蛋氨酸与氢氧化钙或氧化钙中和而得到的固态产品，化学名为2-羟基-甲硫基丁酸钙，为浅褐色粉末或颗粒，有特殊的臭味，可溶于水。羟基类蛋氨酸钙的商品含量为97%以上，其效价相当于99%蛋氨酸的80%左右，在配料时可按此比例计算用量。羟基类蛋氨酸钙的作用和功能与蛋氨酸相同，使用方便，适用于反刍动物。

DL-蛋氨酸羟基类似物能够发挥作用的条件包括：产后100天内饲喂；日产奶量平均水平高于23千克；添加量为每日每头20～30克或占日粮干物质的0.15%；日粮精饲料水平高于50%；日粮蛋白质水平低于15%。

2. 瘤胃保护性氨基酸 反刍动物保护性氨基酸是10年来研制开发的新产品，主要有N-羟甲基蛋氨酸钙盐固体，其特点是能安全通过瘤胃到达皱胃或肠管。

N-羟甲基蛋氨酸钙的商品名为Mepron，是德国迪高沙公司

开发的产品，为白色粉末，与饲料混合性能良好，有效成分含量为67.7%，其纯品及与饲料混合的情况下都很稳定。主要用于日产奶量25千克以上的高产奶牛，一般产犊前10天至泌乳前100天每日饲喂25～30克。目前多数瘤胃保护性蛋氨酸都是用油脂包被的，仅德国迪高沙公司生产的Mepron是用甲醛处理的，美国产品则是用聚合物加工制成的。值得注意的是，不同厂家生产的过瘤胃氨基酸，其有效值不同，使用时应按有效值进行计算。表2-8列出了常用蛋氨酸添加剂。

表2-8 常用蛋氨酸添加剂

产品名称	性 状	有效值	产 地	生产厂家
ALIMET或艾丽美	液 体	40%	美 国	Novus International INC
MHA	固 体	86%	美 国	Novus International INC
RHODIMET™ AT88 或罗迪美AT88	液 体	40%	法 国	罗纳普朗克公司
SMARTATIME	固 体	86%	法 国	罗纳普朗克公司
Mepron	固 体	67.7%	德 国	迪高沙公司
Met-plus	固 体	68%	美 国	Nesso America INC

3. 蛋氨酸锌 是含有蛋氨酸和锌的螯合物，它具有抵制瘤胃微生物降解的作用。与氧化锌相比，蛋氨酸锌中的锌具有相似的吸收率，而吸收后代谢率不同，从尿液中的排出量低，血浆锌的下降速度慢。

在奶牛日粮中添加蛋氨酸锌能够提高产奶量，并降低奶中的体细胞数。在生产条件下，蛋氨酸锌还具有硬化蹄面和减少蹄病的作用。蛋氨酸锌的添加量一般为每日每头5～10克，或占日粮干物质的0.03%～0.08%。

(二)非蛋白氮添加剂 泛指饲料中使用铵盐、尿素、氨、双缩脲及其他简单含氮化合物，这类化合物不含能量，可借助反刍动物

瘤胃微生物的作用，作为微生物的氮源而间接起到补充动物蛋白质营养的作用。非蛋白氮最常用的是尿素，缩二脲、铵盐、异丁基二脲、磷酸脲等也属于非蛋白氮添加剂。非蛋白氮添加剂的喂量不得超过日粮总氮量的1/3，同时不能单独使用或溶于水中使用，以防引起中毒。磷酸脲易于被奶牛吸收利用，有明显的增奶、增重效果。

四、瘤胃保护性脂肪添加剂

能量的不足是生产中限制高产奶牛性能发挥的一个重要因素。对于奶牛来说，在泌乳最初的2～3个月内，产奶量迅速上升，而采食量的增加相对减少，能量代谢处于负平衡，从而限制了奶牛生产性能的发挥。在这一时期，奶牛体重下降较快。生产中为了减少能量负平衡的发生，通常采用提高日粮的能量浓度，增加精饲料饲喂量的办法来弥补。但是，增加精饲料的饲喂量会引起瘤胃消化功能紊乱、瘤胃酸中毒、瘤胃臌胀、酮病等代谢病的发生，还会使纤维消化率降低、乳脂率下降。而脂肪的含能值比精饲料高2倍以上，因而只有依靠脂肪的使用才能够解决高产奶牛能量负平衡的发生，在精饲料中添加脂肪可避免饲喂精饲料过多造成的不良影响。将油脂直接加入到奶牛日粮中时，可引起饲料采食量和纤维消化率下降，使用瘤胃保护性脂肪可以避免直接添加油脂的不良影响。

（一）脂肪酸钙皂 又称脂肪酸钙，在瘤胃的中性条件下不溶解，但当其进入消化道后段时，皱胃较高的酸度可引起钙皂的分解，释放出脂肪酸，在小肠中被消化吸收。

脂肪酸钙皂的品种有异丁酸钙、异戊酸钙、辛酸钙、癸酸钙、月桂酸钙、棕榈油脂肪酸钙、硬脂酸钙等。国外以棕榈油脂肪酸钙最为常用，商品名为Megalac，已在近40个国家使用。

脂肪酸钙皂的缺点是：①脂肪含量低，一般只能达到80%～85%，因而有效能值低；②由于加工工艺等因素的影响，皂化不可

能完全，因而过瘤胃效果受到一定影响，也不稳定；③在小肠中的消化率低；④可能对纤维的消化产生不利影响；⑤适口性差。

（二）氢化脂肪（酸）粉 氢化脂肪（酸）粉在国际上研究开发的时间稍晚于脂肪酸钙皂。氢化脂肪（酸）粉的优点是在瘤胃中不影响微生物的活性和对粗纤维的消化，脂肪含量有明显的提高，因而有效能值得到提高。氢化脂肪（酸）粉的缺点是：①由于加工工艺等条件的影响，氢化不可能完全，因而产品的过瘤胃效果受到一定影响，也不稳定；②在小肠中的消化率低。

（三）瘤胃稳定性脂肪粉 是目前国际上一种新型的反刍动物饲料用脂肪产品。与脂肪酸钙皂和氢化脂肪（酸）粉相比，瘤胃稳定性脂肪粉的优点有：①脂肪含量高，接近100%；②有效能含量高，比脂肪酸钙皂高20%；③在瘤胃中稳定，过瘤胃效果好；④在小肠中的消化率高。

（四）甲醛处理脂肪 用甲醛保护法制成的过瘤胃脂肪，是Scott等人研制成功的并取得了世界范围内的专利。其工艺要点为，将主要由不饱和脂肪酸组成的油脂与干酪素及溶解蛋白的碱液一起倒入搅拌器中混匀，经粉碎、研细、乳化制成糊状，再加入10%的甲醛使之形成甲醛-蛋白质复合物包裹在油脂表面，最后经喷雾干燥制成成品。

五、非营养性饲料添加剂

非营养性饲料添加剂本身没有营养作用，但可以提高奶牛健康水平，促进生长，提高生产性能和饲料效率，改善奶牛产品质量，改善风味，改善饲料品质，延长饲料的贮存期，防止饲料变质，提高粗饲料的品质，调控瘤胃环境等。

高产奶牛的日粮都处于高能量、高蛋白的水平，由于饲料浓度增高，精饲料比例增大，伴随而来的是奶牛消化功能紊乱、瘤胃酸中毒、皱胃移位、酮病等发病率升高。为了能缓解精饲料过多对瘤胃内环境的影响，日粮中应补加缓冲物质，如碳酸氢钠、氧化镁、乙

酸钠等。

(一)碳酸氢钠 碳酸氢钠广泛用于奶牛疾病的治疗，目的是防止机体酸中毒，如热性病、酮病等。近年来在治疗瘤胃酸中毒时使用更加广泛，静脉注射5%碳酸氢钠注射液1 000～1 500毫升，效果明显。为预防疾病发生，也可以长期混于饲料中饲喂。

日粮中加入碳酸氢钠后，对奶牛产奶量、乳脂率、采食量都有影响。试验证明，对产奶量的影响在40%玉米青贮、60%精饲料(按干物质计)的平衡日粮中，用1.5%的碳酸氢钠和0.8%氧化镁混合饲喂奶牛，平均日产奶量增加3.8千克。但在高精饲料、低粗饲料的日粮中，加入2.5%碳酸氢钠和1%氧化镁后，可提高乳脂的合成；补加碳酸氢钠、氧化镁后，动脉血液中肝磷脂可沉淀蛋白增多，而脂肪含于肝磷脂可沉淀蛋白之中。另外，碳酸氢钠有促进食欲、提高采食量的作用，在50%精饲料、50%玉米青贮的日粮中加0.8%碳酸氢钠饲喂奶牛，每日每头奶牛总采食量增加2.1千克，在泌乳初期，不仅能促进食欲，而且可增进消化。

碳酸氢钠的用量和用法：按混合日粮(精饲料＋粗饲料)计，碳酸氢钠的用量为0.7%；按总干物质计，用量为1.5%；按精饲料混合料计，用量为1.5%～2.5%。使用时先与精饲料混匀后再与粗饲料一起饲喂或拌于精饲料中直接饲喂。

(二)氧化镁 其主要作用是维持瘤胃适宜的酸碱度，增强食欲，增加日粮干物质采食量，有利于粗纤维和碳水化合物的消化，提高产奶量。氧化镁还能增加乳汁和血液中的含镁量，有助于乳腺吸收大分子脂肪酸，进而增加乳脂，提高乳脂率。用量一般占精饲料混合料的0.4%～0.7%或占整个日粮干物质的0.2%～0.35%，或每日每头饲喂50～90克。

(三)乙酸钠 是合成牛奶乳脂肪的前体，奶中50%的脂肪酸是由乙酸合成的。日粮中添加的乙酸钠进入奶牛机体消化道后分解成乙酸根和钠离子，从而增加了体内乙酸的含量，有利于牛奶中短链脂肪酸的合成，提高牛奶的乳脂率，同时乙酸钠可改善瘤胃内

环境的酸碱度，给有益微生物的增殖创造了条件，促进对各种营养物质的分解、消化和吸收，提高产奶量。黄玉德(1997)在奶牛精饲料中分别添加0.1%、0.2%、0.3%的双乙酸钠，结果表明产奶量和乳脂率分别得到提高，其中以添加0.3%组的效果最好，乳脂率提高11.2%，产奶量提高7.9%。乙酸钠还能起缓冲作用，在抑制脂肪酶的同时激活脂肪酸，促进脂肪沉积，并从脂肪库中动员未脂化的脂肪酸供乳腺利用。用量为每千克体重饲喂0.5克，一般产奶牛每日每头300～500克即可，均匀混合于饲料中饲喂。添加碳酸氢钠和乙酸钠时，应相应减少食盐的喂量。

六、阴离子盐

阴离子盐主要包括氯化铵、硫酸铵、硫酸铝、硫酸镁和氯化钙等。饲喂阴离子添加剂有很多优点，一是在代谢紊乱发病率高的奶牛中，饲喂阴离子盐是减少乳热症、胎衣不下和皱胃变位的主要防治措施。试验结果表明，饲喂阴离子盐可使胎衣不下的发病率降低31.2%。二是即使是在管理条件好，乳热症和酮病发病率低的群体中，也能减少亚急性低血钙症状，使奶牛一个泌乳期的产奶量提高3.6%～7.3%。中国农业大学动物科技学院最近的试验结果表明，产前饲喂阴离子盐可使奶牛前4个泌乳月平均产奶量提高3.8千克。三是可以改善繁殖性能，使受胎率提高，空怀期缩短，配种次数减少。四是减少治疗费用。美国的调查结果表明，每头患乳热症的奶牛每年的平均治疗费用大约是334美元，而整个美国每年处理临床产后瘫痪的直接花费是1 500万美元，使用阴离子盐可以大幅度减少这部分费用。

由于阴离子盐的适口性很差，想要简单地通过添加阴离子盐来防止乳热症并期望得到应有的效果有时是不可能的。如果分娩日粮中牧草的阴阳离子差(DCAD)很高(大于每千克干物质250毫当量)，几乎不可能通过添加足够量的阴离子盐类把日粮阴阳离子差降低到每千克日粮干物质－100毫当量，而且对日粮的适口

性没有影响。在这种情况下，首先应尽量去掉含钾量高的饲料原料，然后再添加阴离子添加剂。研究表明，如果日粮中的阴离子盐含量超过每千克日粮干物质300毫当量，奶牛的采食量会降低。

一般通过测定尿液pH来决定动物是否对日粮中的阴离子盐添加起了应有的反应。如果尿液pH降低到5.5～6.5，说明日粮中的阴离子盐起到了应有的效果。如果尿液pH低于5.5，说明日粮中添加的阴离子盐浓度过高，应当降低浓度以防止严重的代谢性酸中毒(Horst等，1997)。

在实际生产中使用阴离子盐时，由于适口性问题，通常是饲喂几种盐类的混合物，而不是饲喂单一的阴离子盐。一般是在分娩前的3～5周饲喂。为了改进阴离子盐的适口性和消除其对采食量的不良影响，通过研究人员的不断发掘，一些新型的阴离子盐添加剂被研制成功。这些阴离子盐添加剂可以在不影响动物采食量的情况下，有效降低尿液pH。

(一)干奶后期的添加方法及注意事项 对分娩前3周的妊娠牛进行合理的饲养和管理是奶牛企业改进奶牛健康，达到长远生产目标必不可少的。对于那些代谢紊乱、发病率高的群体，添加阴离子盐是减少乳热症、胎衣不下和皱胃移位的关键措施。下面是一些在过渡期成功使用阴离子盐添加剂的关键步骤。

第一步，对所有的饲料原料进行化学分析，以掌握矿物质含量，尤其是钾、钙、硫、氯和钠的含量。

第二步，以下列公式计算：

阴阳离子差(毫当量/千克)＝[(%钠/0.002 3)＋(%钾/0.003 9)]－[(%氯/0.003 55)＋(%硫/0.001 6)]

通过降低日粮钾含量调节阴阳离子差，最初日粮的阴阳离子差越低，达到理想的阴阳离子差所需阴离子盐的量也就越少。

第三步，如果需要的话，添加硫酸钙、硫酸铵、硫酸镁或几种的结合使日粮的含硫量达到0.4%。有些阴离子盐添加剂，由于本身含有足够的硫，因此不需要另外添加。

第四步，选择生物学效价高、适口性好的阴离子添加剂，把它与浓缩料或玉米青贮以一定比例混合饲喂。最好的办法是与其他原料配制成完全混合日粮（TMR），添加足够的阴离子盐使日粮的阴阳离子差达到每千克日粮干物质－100～－150 毫当量，并遵循下列原则：①日粮镁浓度达到 0.4%；②日粮氯浓度达到 0.6%～0.8%，在这个范围内对采食量的影响很小，如超过 0.8%，动物采食量会减少；③如果在所用的阴离子盐添加剂中含有铵盐，应当注意无机氮的含量，以免造成氨中毒，减少日粮中铵盐的使用，使其浓度不超过可降解蛋白质含量的 70%～75%；④把日粮的钙水平提高到占干物质的 1.2%～1.8%，或每日每头从日粮中采食的钙达到 150～200 克；⑤日粮磷水平应当在 0.4%，或每日每头采食量为 35～50 克。

第五步，在分娩前 2～3 周，每日每头饲喂含有阴离子盐的浓缩料和玉米青贮至少 2 次，并密切注意奶牛的采食量，最成功的办法是饲喂含有阴离子的完全混合日粮。

第六步，为了保证动物采食足够的阴离子盐日粮，而且达到了理想的酸碱平衡，每周至少测定 1 次奶牛的尿液 pH。通常在采食后的 2～6 小时进行测定，每次至少测定 5 头牛，越多越好。如果尿液的平均 pH 在 6.5 以上，说明日粮的阴阳离子差对奶牛酸碱平衡的影响还不足以显著地改变产犊时血液钙的浓度。如果尿液的 pH 为 5.5～6.5，且动物采食量在可接受的水平，继续饲喂该日粮；如果尿液 pH 低于 5.5，且采食量明显下降，则应减少日粮的阴离子盐浓度。

第七步，保持日粮中的非蛋白氮含量不超过日粮总氮量的 0.25%，日粮可降解蛋白质的含量低于日粮总氮量的 70%。

第八步，只给经产牛饲喂阴离子盐日粮，青年牛无须饲喂，因为待产头胎牛患低血钙症和乳热症的很少，添加阴离子盐的受益不大。

第九步，因为阴离子盐饲喂不当会造成问题，生产人员必须准

确的控制阴离子盐日粮的饲喂量，并经常观测。放牧奶牛不要饲喂阴离子盐，因为在放牧的情况下无法观测和控制采食量。

(二)添加量的计算方法 奶牛日粮阴阳离子差的计算方法为各原料阴阳离子差之和。其计算公式如下：

奶牛日粮阴阳离子差＝Σ饲料原料×干物质含量×该原料的阴阳离子差值

第一步，列出所用主要饲料原料的阴阳离子差，常用奶牛饲料原料的钠离子、钾离子、氯离子、硫离子含量及阴阳离子差值见表2-9。

第二步，根据精饲料补充料的配方计算出调整前每千克日粮精饲料补充料的阴阳离子差值。方法是：精饲料补充料阴阳离子差＝Σ精饲料原料×该原料的阴阳离子差值×配比。

第三步，根据日粮的组成和用量计算出调整前日粮的总阴阳离子差值。方法是：奶牛日粮阴阳离子差＝Σ饲料×该饲料干物质含量×该饲料的阴阳离子差值。

第四步，根据调整目标计算出阴阳离子差值差，方法：调整前日粮阴阳离子差值差＝调整目标阴阳离子差值－调整前奶牛日粮阴阳离子差。

第五步，根据所用阴离子盐的种类计算出其阴阳离子差值，方法：阴阳离子差(毫当量/千克)＝[(钠/0.002 3＋钾/0.003 9)－(氯/0.003 5＋硫/0.001 6)]

第六步，计算出日量中应添加的阴离子盐用量。方法：日量中应添加的阴离子盐用量＝当前日粮阴阳离子差值差/所用阴离子盐阴阳离子差值。

奶牛饲料各种原料的阴阳离子差值见表2-9。

表 2-9　奶牛饲料原料阴阳离子差值

饲料原料	占干物质的比例(%)				阴阳离子差
	钠	钾	氯	硫	(毫当量·千克$^{-1}$)*
苜蓿干草(晚期收割)	0.15	2.56	0.34	0.31	+431.1
猫尾草干草(晚期收割)	0.09	1.6	0.37	0.18	+232
玉米青贮	0.01	0.96	—	0.15	+156.4
玉　米	0.03	0.37	0.05	0.12	+8.8
燕　麦	0.08	0.44	0.11	0.23	−26.95
大　麦	0.03	0.47	0.18	0.17	−23.4
酒　糟	0.1	0.18	0.08	0.46	−219.38
豆　粕	0.03	1.98	0.08	0.37	+226.37
鱼　粉	0.85	0.91	0.55	0.84	−75.6

* 以(钠+钾)−(氯+硫)计算每千克干物质毫当量

七、其他添加剂

(一)丙二醇和丙酸钙　丙二醇是葡萄糖合成的一种前体物，常以口服制剂的形式用于治疗和预防奶牛酮病。Stokes 和 Goff (2001)报道，给产后 2 天的奶牛灌服丙二醇降低了新产奶牛血浆非酯化脂肪酸的浓度，提高了奶牛的产奶量。随后在产后 2 天或 3 天内灌喂丙二醇或作为合剂的一种成分饲喂 3 天并没有产生这些影响。大量研究表明，给奶牛灌服乙二醇能降低血浆非酯化脂肪酸和β-羟丁酸(β-HBA)浓度，但把丙二醇混合到完全混合日粮并不影响血浆非酯化脂肪酸和β-羟丁酸的浓度(Nielsen 等，2004)。由于所有试验效果并不一致，暗示常规的丙二醇饲喂并不可取。

添加丙酸钙或丙酸与微量元素化合物可为肝脏合成葡萄糖提供前体物，但在围产期添加丙酸的效果并不一致。很多研究报道，产后添加丙酸或丙酸钙对泌乳量和血液生化指标都没有影响。饲喂丙酸缺乏效果的部分原因可能是因为添加的丙酸相对于瘤胃本身生成的量较小，因此我们推测丙二醇和丙酸在代谢或吸收上存在

着差别。总之,已有的研究并不支持通过混合到完全混合日粮或以药丸形式添加丙酸。丙酸钙能在动物的肠道对抗肠道杆菌,因此能减少或防止由该菌引起的腹泻,可提高饲料的利用率和治疗酮病。用于提高血糖水平,其添加量分别为每日每头 220 克和 120 克。

(二)瘤胃素 又称莫能霉素或莫能菌素,是由链霉菌产生的一种聚醚类抗生素。瘤胃素能够调节瘤胃微生物区系,减少革兰氏阳性菌和原虫数量,抑制乳酸产生菌、氨产生菌和产气菌活性,提高乳酸利用菌活性。瘤胃素作为一种离子载体,其主要作用是提高饲料的利用率,既能减少瘤胃蛋白质的降解,使过瘤胃蛋白质的数量得到增加,又可提高到达胃的氨基酸数量,减少细菌氮进入胃,同时还可影响碳水化合物的代谢,抑制瘤胃内乙酸的产量,提高丙酸的比例,保证给牛提供更多的有效能。饲料中添加瘤胃素可提高饲料转化率和养分吸收率,能控制和改善瘤胃发酵时挥发性脂肪酸的比率,提高日增重和饲料消化率,预防围产期奶牛过肥和其他因素引起的代谢疾患。高腾云等(2000)向 2～4 胎次泌乳中期的荷斯坦牛日粮中添加 20 毫克/千克瘤胃素,40 天试验结果表明,瘤胃素可使试验牛平均每日每头增产 2.15 千克。瘤胃素的添加量为每日每头 200～300 毫克。

(三)酵母培养物 是包括活酵母细胞和用于培养酵母的培养基在内的混合物。在奶牛精饲料中添加酵母培养物和寡糖,具有明显的增乳效果,特别是在添加 20 天以后,效果更为明显。增乳的原因是酵母培养物和寡糖能刺激瘤胃细菌和微生物群体增加,从而增加蛋白质的合成和提高纤维素的消化率,增加奶牛采食量,有利于机体营养的吸收,达到增乳效果。用于促进围产期奶牛提高干物质采食量和瘤胃纤维分解菌的繁殖,提高对饲料纤维物质的利用率。真菌和酵母菌能帮助奶牛消化纤维、提高产奶量。如美国用米曲霉培养物和酿酒酵母培养物进行奶牛饲喂试验,在 150 天的泌乳期内,日产奶量可分别提高 3.1 千克和 3.2 千克。张英来等(2000)用百奥美速酵源按每日每头 10 克的添加量添加

于荷斯坦牛的饲料中，结果试验组每头牛日产奶量比对照组增加2.01千克，提高了7.1%，乳脂率提高12.9%。

从产前2周到产后8周给奶牛饲喂酵母培养物对于稳定瘤胃环境是比较适宜的时间，因为这期间奶牛要经历从干奶牛饲粮到高能量饲粮的转换。酵母培养物适口性好，在产奶初期每日每头添加15～115克，有助于防止采食量下降和提高产奶量。

(四)保护性胆碱 胆碱是一种对哺乳动物代谢有多种功能的维生素。它的最主要功能是作为体内各种细胞膜的主要成分——磷脂及神经递质——乙酰辅酶A的成分，同时也是甲基代谢中甜菜碱的直接前体物之一。研究表明，瘤胃微生物对胆碱的合成量远远满足不了高产奶牛的营养需要，而额外添加的胆碱由于在瘤胃内极易降解(降解率几乎为100%)，使得添加胆碱毫无意义。而瘤胃保护性胆碱的产生改变了历史，使得在奶牛饲料中添加胆碱有了切实有效的成果。胆碱有助于调节高产奶牛的脂肪代谢，从而成功地防治奶牛酮病、脂肪肝和皱胃移位等代谢性疾病。Bonomi(1996)每日用2克/头、6克/头、10克/头3个水平的瘤胃保护性胆碱添加量饲喂泌乳牛，其产奶量分别提高6.75%、8.8%和10%，乳脂率分别提高4%、4.3%和6%。在奶牛日粮中添加胆碱，不但可提高生产性能，还可节省蛋氨酸和糖异生作用的前体物。初步试验表明，使用保护性胆碱可有利于肝脏的脂肪代谢，促进围产期奶牛肝脏中极低密度蛋白(VLDL)的合成，有预防代谢性疾病的功效。其添加量为每日每头45～70克。

(五)脲酶抑制剂 是目前奶牛饲料调控剂中一种比较理想非营养性添加剂。它主要能抑制瘤胃内微生物脲酶的活性，降低瘤胃中氨的浓度，而且可使氨的释放速度保持平稳，有利于控制尿素的分解速度和微生物利用氨合成菌体蛋白，避免反刍动物氨中毒，从而提高饲料中纤维素的利用率和家畜对蛋白质及尿素的利用。周建民(1999)报道，在奶牛日粮中添加25毫克/千克的脲酶抑制剂，可使瘤胃中尿素的分解速度降低56%，粗蛋白质利用率提高

16.7%,微生物蛋白质的合成量增加25%,产奶量提高16.7%。

奶牛常用添加剂的建议添加量见表2-10。

表2-10 奶牛常用添加剂的建议添加量

添加剂名称	建议添加量(每日每头)	适宜使用阶段
阴离子盐	200克	产前3周至产犊
膨润土	300~500克	产奶牛
小苏打	110~225克	产奶牛
氧化镁	50~90克	产奶牛
异构酸	50~80克	产奶牛
胆碱	30克	产奶牛
莫能霉素	50~200毫克	育成牛、青年牛
蛋氨酸羟基类似物	30克	产奶牛
烟酸	6~12克	产前2周至产后16周
酵母培养物	10~120克	产前2周至产后8周
活菌制剂	10~50克	产奶牛
蛋氨酸锌	5克	产奶牛
丙二醇	0.25~0.5千克	产前1周至产后2周

第六节 围产期奶牛的日粮配合

一、饲养标准

奶牛的饲养标准是根据奶牛体重、产奶性能、年龄、性别以及生理状态等条件,通过试验和实践总结制定的1头牛每日应给予主要营养物质的数量,它反映了奶牛生存和生产对饲料及营养物质的客观要求,是奶牛生产计划中组织全年饲料供给,设计饲料配方,生产平衡饲粮和对奶牛进行标准化饲养的科学依据。

奶牛的饲养标准包括2个主要部分：一是营养需要量，也称供给量或推荐量；二是常用饲料营养价值表。营养需要量，一般是由最低营养需要量再加上安全系数计算而来。

我国现行的奶牛饲养标准是根据长期奶牛生产实践，通过消化代谢试验和饲养而制定出的奶牛不同时期的营养需要，如能量、蛋白质、矿物质和维生素需要等。根据不同生理时期又分为生长、泌乳、繁殖需要等。

饲养奶牛不能不按饲养标准，但又不能完全按照标准公式化地套用于每头奶牛。在实际饲养工作中，必须根据本场饲养奶牛的体况、产奶水平以及当地饲草料资源及其价格，按照奶牛对营养物质的实际需要经常进行调整。

我国奶牛围产期的饲养标准可参阅1986年由农业部批准颁布的第一版《奶牛饲养标准》和2000年出版的第二版《奶牛营养需要和饲养标准》的相应生理阶段，也可参照美国国家研究委员会第七版《奶牛营养需要》(2001)。成年奶牛各阶段日粮的主要营养需要见表2-11。

表2-11　成年奶牛各阶段日粮的主要营养需要指标

营养素	干奶前期	围产前期	围产后期	泌乳前期
干物质(千克)	1.8～2.2	1.4～1.8	2.5～3	3.2～3.8
泌乳净能(奶牛能量单位/千克)	1.7～1.9	2～2.1	2.4～2.5	2.3～2.4
粗蛋白质(%)	11～12	14～15	17～18	16～17
过瘤胃蛋白质(占粗蛋白质%)	35	35	43	38～42
粗脂肪(%)	3	4	5	5～6
酸性洗涤纤维(%)	＞28	＞24	＞19	＞17
中性洗涤纤维(%)	＞40	＞38	＞32	＞33
钙(%)	0.6	0.45	1	0.9
磷(%)	0.4	0.45	0.6	0.5

续表 2-11

营养素	干奶前期	围产前期	围产后期	泌乳前期
维生素 A(单位/天)	8	8.3	7.5	7.5
维生素 D(单位/天)	2.2	2.25	2.1	2.1
维生素 E(单位/天)	1.16	1.2	545	545

二、日粮配合

按饲养标准饲养奶牛，满足奶牛的正常生理、生产需要，营养物质获得充分的转化和利用，可使奶牛体质健壮，发挥最大的生产潜力。饲养标准是奶牛群体的平均营养需要，不能准确地符合每头奶牛，一般有5%～10%的差异。在实际工作中，必须根据本场饲养的奶牛体况、生产水平、当地饲草料资源及奶牛对营养物质的实际需求进行调整。我国奶牛饲养标准以产奶净能为能量衡量单位，即1千克4%的标准奶能量为3 138千焦(相当于1个奶牛能量单位)。

1头牛1昼夜所采食的各种饲料的组合或总量，称为日粮。单一的某种饲料原料很难满足奶牛全面的营养需要，将多种饲料适当地搭配，使日粮中各营养物质的种类、数量、比例、容积等恰能满足奶牛的营养需要，这种日粮称为平衡日粮或全价日粮。

(一) 日粮配合原则

1. 选用及调整饲养标准 饲养标准是配合饲料的主要依据，但饲养标准是各地研究成果的综合，有其普遍性和局限性，在配方设计时要根据当地实际情况，如饲草料营养含量、奶牛生理状况、气候因素等做适当调整。

2. 合理选择原料 在选用饲料原料时，要综合考虑饲料原料的营养性、安全性、经济性与来源的稳定程度，防止出现来源无保障，社会效益好而经济效益差，或营养适口性好而生理适宜性差等不良后果。

科学合理的饲料配方必须有质量良好的饲料原料作保证，饲料产品质量的差异有70%来源于原料的差异。国家发布的《奶牛饲料原料营养价值表》有其局限性，因为不同地区的土壤、水、气候条件存在差异，所以有条件的可以对原料进行营养成分的实际测定，再根据国家饲料标准选择饲料原料。

在选用饲料原料时，原料质量一定要符合饲料卫生质量标准。

选用的饲料原料要来源稳定，确保不影响奶牛的生产性能，否则中途更换原料，会造成饲料的物理性状发生变化，奶牛会产生营养应激现象，一般更换饲料需要7～10天的过渡期。

饲料的经济性是指使用饲料后投入产出比高，经济效益好，不单纯指饲料的价格。要做到经济，须考虑就地取材和原料的价格问题。在选用原料时，可以以常用的原料价格作为对照价格，以其提供的能量值和蛋白质来进行衡量，一般以玉米和豆饼作参照。

3. 日粮组成应多样化，且适口性好 日粮组成应多样化，以发挥不同饲料间的营养互补作用，同时适口性要好。饲料的适口性影响奶牛的采食，适口性好，奶牛采食快，采食量大，可提高生产性能；适口性不好，影响奶牛采食，会导致奶牛产奶性能下降。配制饲料时一定要注意这一点。

4. 注意精、粗饲料比例和采食量 奶牛日粮精饲料与粗饲料的比例取决于粗饲料的质量，粗饲料质量好，如采用苜蓿干草，精饲料比例可低些。奶牛的精饲料喂量，在生产中一般按奶牛维持需要3千克，然后每产3千克奶加喂1千克精饲料来确定，食盐占精饲料量的1%～2%。一般情况下，精、粗饲料比例为2∶3或3∶2，精饲料补充料不可超过70%。日粮中粗纤维含量应占日粮干物质的15%～24%，否则会影响奶牛正常的消化和代谢过程。

设计日粮时，应充分考虑采食量，确保奶牛能吃完，否则会影响奶牛的生产性能。各种饲料的限制采食量参见表2-12。

表 2-12　成年奶牛饲料日最大喂量　（千克）

饲　料	喂　量	饲　料	喂　量
优质干苜蓿	6	玉米淀粉渣	10
全株玉米青贮	25～35	大麦、燕麦	5～7
玉米秸秆青贮（黄贮）	25	小　麦	4～5
优质青草	35	玉　米	5～6
饲用萝卜	20	大豆（热处理）	3～4
干啤酒糟	3	生大豆	2
湿啤酒糟	10～15	豆　饼	2
豆腐渣	10～15	油麻饼、菜籽饼、棉籽饼	0.5～0.8

5. 日粮应具有一定的轻泻作用　在以禾本科干草和秸秆为主的日粮中，应适当多用一些麸皮、糖蜜等略带轻泻性的饲料，以防便秘，特别是在产前、产后更应注意。如日粮中粗饲料部分以青绿饲料、青贮饲料或豆科干草为主，则不必考虑。

（二）日粮配合方法　日粮配合方法有试差法、方块法、代数法和计算机法。配合日粮时，应先了解奶牛大致的采食量，从奶牛饲养标准中查出每日营养成分的需要量，从饲料成分和营养价值表中查出现有饲料的各种营养成分，再根据现有饲料和各种营养成分进行计算，合理搭配，配合成平衡日粮。

1. 试差法

例：某场奶牛平均体重 600 千克，日平均产含 3.5%乳脂奶 20 千克，试配合其日粮。

第一步，查奶牛营养需要表，得出奶牛的营养需要（表 2-13）。

第二步，根据饲料成分和营养价值表，列出所用饲料的营养成分（表 2-14）。

第三步，首先计算奶牛摄入粗饲料中的营养。每日饲喂玉米青贮 25 千克，苜蓿干草 3 千克，豆腐渣 10 千克，可获得如下营养摄入量（表 2-15）。

表 2-13 奶牛的营养需要

项 目	奶牛能量单位	可消化粗蛋白质(克)	钙(克)	磷(克)
600 千克体重维持需要	13.73	364	36	27
日产含 3.5%乳脂奶 20 千克需要	18.6	1040	84	56
合 计	32.33	1404	120	83

表 2-14 饲料营养成分 (每千克)

饲料种类	奶牛能量单位	可消化粗蛋白质(克)	钙(克)	磷(克)
苜蓿干草	1.54	68	14.3	2.4
玉米青贮	0.25	3	1	0.2
豆腐渣	0.31	28	0.5	0.3
玉 米	2.35	59	0.2	2.1
麦 麸	1.88	97	1.3	5.4
棉籽饼	2.34	153	2.7	8.1
豆 饼	2.64	366	3.2	5

表 2-15 采食粗饲料摄入的营养量

项 目	数量(千克)	奶牛能量单位	可消化蛋白质(克)	钙(克)	磷(克)
苜蓿干草	3	×1.54=4.62	×68=204	×14.3=42.9	×2.4=7.2
玉米青贮	25	×0.25=6.25	×3=75	×1.0=25	×0.2=5
豆腐渣	10	×0.31=3.1	×28=280	×0.5=5	×0.3=3
合 计		13.97	559	72.9	15.2
与需要比尚缺		−18.36	−845	−47.1	−67.8

第四步,不足营养用精饲料补充。每千克精饲料按含 2.4 奶牛能量单位计算,补充精饲料量应为:18.36÷2.4=7.65(千克)。

如饲喂玉米 4 千克,麦麸 2 千克,棉籽饼 2 千克,其精饲料营养摄入量见表 2-16。

表 2-16　采食精饲料摄入的营养量

项　目	数量（千克）	奶牛能量单位	可消化蛋白质（克）	钙（克）	磷（克）
玉　米	4	×2.35=9.4	×59=236	×0.2=0.8	×2.1=8.4
麸　皮	2	×1.88=3.76	×97=194	×1.3=2.6	×5.4=10.8
棉籽饼	2	×2.34=4.68	×153=306	×2.7=5.4	×8.1=16.2
合　计		17.84	736	8.8	35.4
粗饲料营养量		13.97	559	72.9	15.2
精、粗饲料营养合计		31.81	1295	81.7	50.6
与需要比尚缺		−0.52	−109	−38.3	−32.4

第五步，补充能量、可消化粗蛋白质。加豆饼 0.3 千克，0.3×2.64=0.792；可消化粗蛋白质，0.3×366=109.8（克）；钙，0.3×3.2=0.96（克）；磷，0.3×5=1.5（克）。合计能量单位为 32.6，粗蛋白质为 1 404.8 克，钙为 82.66 克，磷为 52.1 克。

第六步，补充矿物质。尚缺钙 37.34 克，磷 30.9 克。补磷酸钙 0.2 千克，可获得平衡日粮（表 2-17，表 2-18）。

表 2-17　日粮结构

饲料种类	采食量（千克）	奶牛能量单位	可消化粗蛋白质（克）	钙（克）	磷（克）	占日粮比例（%）	占精饲料比例（%）
苜蓿干草	3	4.62	204	42.9	7.2	6.5	—
玉米青贮	25	6.25	75	25	5	53.8	—
豆腐渣	10	3.1	280	5	3	21.5	—
玉　米	4	9.4	236	0.8	8.4	8.6	48.2
麸　皮	2	3.76	194	2.6	10.8	4.3	24.1

续表 2-17

饲料种类	采食量（千克）	奶牛能量单位	可消化粗蛋白质（克）	钙（克）	磷（克）	占日粮比例（%）	占精饲料比例（%）
棉籽饼	2	4.68	306	5.4	16.2	4.3	24.1
豆　饼	0.3	0.79	109.8	0.96	1.5	0.6	3.6
磷酸钙	0.2	—	—	55.82	28.76	0.4	—
合　计	46.5	32.6	1404.8	138.48	80.86	100	100

表 2-18　日粮中干物质和粗蛋白质含量　（千克）

项　目	苜蓿干草	玉米青贮	豆腐渣	玉　米	麦　麸	棉籽饼	豆　饼	磷酸钙	合 计
干物质	3	6.25	1	4	2	2	0.3	0.2	18.75
粗蛋白质	0.87	1.9	0.191	0.052	0.184	0.214	0.017	—	3.428

2. 方 块 法

例：要用含蛋白质 8%的玉米和含蛋白质 44%的豆饼，配合成含蛋白质 14%的混合饲料，两种饲料各需要多少？

配法见图 2-1。

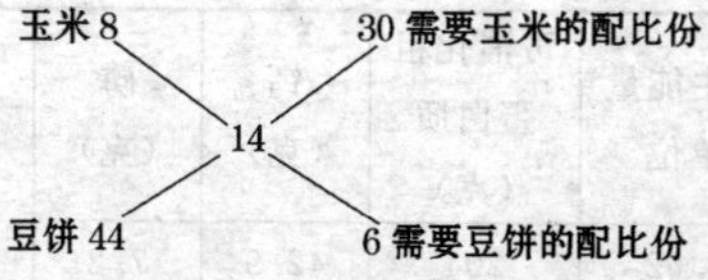

图 2-1　方块法配合日粮

先在方块左边上、下角分别写上玉米的蛋白质含量 8%，豆饼的蛋白质含量 44%。中间写上所要得到的混合料的蛋白质含量 14%。然后分别计算左边上、下角的数与中间数值之差，所得的相差值写在斜对角上。30(44－14)为玉米的使用量配比份，6(14－

8)为豆饼的使用量配比份。两种饲料配比份之和为36(30+6)，混合料中玉米的使用量应该是30÷36×100%，即83.3%；豆饼的用量是6÷36×100%，即16.7%。当需要配制4 000千克混合料时，则玉米用量为3 332千克(83.3%×4 000)，豆饼用量为668千克(16.7%×4 000)。

3. 计算机法 目前，最先进的方法是利用计算机软件配合日粮，方法是将奶牛的体重、产奶量、乳脂率，饲料的种类、营养成分、价格等输入计算机，计算机程序自动将日粮配合计算好，并打印出来。用于奶牛日粮配方设计的软件很多，具体操作方法各异，但无论哪种配方软件，所用的方法和原理基本相同，主要有线性规划法、多目标规划法、参数规划法等，其中最常用的是线性规划法原理，可优化出最低成本饲料配方。配方软件主要包括2个管理系统：即原料数据库和营养标准数据库管理系统与优化计算配方系统。多数软件都包括奶牛全价混合料、浓缩饲料、预混料的配方设计。随着计算机技术的进步，目前各种配方软件一般都使用方便，易于掌握。对熟练掌握计算机应用技术的人员，除了购买现成的配方软件外，还可以应用Excel(电子表格)、SAS软件等进行配方设计，非常经济实用。

第七节 围产期奶牛营养监控和日粮营养平衡监测

奶牛场管理人员和技术人员要不断监测围产期奶牛的营养状况，根据实际情况及时调整饲料配方和管理方法，才能提高奶牛的生产力和繁殖力。营养监控的方法主要有以下几种。

一、体况评分

体况评分即膘情评分，是根据奶牛的体脂附着状况评定等级分数，是监测奶牛的管理和营养水平的有力手段。奶牛的体况评分基本上反映该牛体内沉积的脂肪数量，可帮助奶牛养殖户或企

业评估奶牛在该时期的饲养效果，作为调整日粮配方及饲喂量的重要依据之一，也是对奶牛进行健康检查的辅助手段之一。

体况评分主要通过目测和触摸关键骨骼部位的脂肪多寡来判断体况，这些骨骼部位为臀角（坐骨结节）、腰角（髋结节）、脊柱（主要是椎骨棘突和腰椎横突）、尾根和肋骨等。如有条件，可同时给牛拍照，从而进一步比较群体中各头牛的体况。

（一）体况评分的方法及要点　体况评分制度为5分制，评分范围为1～5。5类典型体型的描述如下。

第一类，评1分。过瘦，短肋末端尖锐突出，有少许肌肉覆盖，呈明显板状。腰角、臀角尖锐，有少许肌肉覆盖。腰角与臀角之间、两腰角之间严重下陷。尾根下部和两臀角之间深陷，呈“V”形窝状。

第二类，评2分。短肋可见，背线有一些肌肉覆盖，呈突出的游离板状，颈、腰、臀等部位的椎骨不明显。腰角与臀角突出，腰角与臀角之间有些下陷。尾根下部和两臀角之间的部位也有些下陷，呈现“U”形。

第三类，评3分。短肋平滑，游离板状突出不明显。脊柱背侧隆出呈圆形，用力挤压才能感觉到椎骨。腰角、髂角圆形平滑。臀角仅有微弱下陷。尾根周围平滑，无脂肪沉积现象。

第四类，评4分。短肋平滑或呈圆形，看不出游离板状。脊柱背侧隆起呈圆形。腰角间部位平坦，尾根周围和臀角之间的部位呈圆形。脂肪沉积明显。

第五类，评5分。脊柱覆有一层厚脂肪，短肋有脂肪覆盖。腰角、臀角不明显，腰、臀之间呈圆形，尾根为脂肪包围。

（二）体况评分的时间选择

1. 青年牛　6月龄、12月龄（视育成牛体膘及时调整饲养管理，准备接受配种）、配种（14～17月龄）、分娩（23～26月龄）。

2. 成年牛　选择不同的生理或泌乳阶段进行，包括干奶期、分娩期、泌乳前期、泌乳中期、泌乳后期，具体评分时间最好安排在

某一阶段的中期。

3. 高产牛 应更多次的进行评分，可在干奶前期、围产前期、分娩期、围产后期以及泌乳前、中、后期进行。

(三)奶牛不同生理或泌乳阶段的理想体况 奶牛在不同的生理或泌乳阶段，只有保持理想或适合的体况才能充分发挥其优良的生产性能(表 2-19)。

1. 干奶期 奶牛干奶的目的在于使身体和乳腺组织得到充分的修整和恢复，并保证胎儿正常的生长发育。理想的体况是 3.5 分。

2. 分娩期 尽管干奶期和分娩期相邻很近，仍然有必要在分娩时，特别是分娩后第二天对奶牛体况进行评估。理想的体况是 3～3.5 分。

3. 泌乳前期 泌乳前期通常又可分为泌乳早期(指分娩后 15 天以内，又称围产后期)和泌乳盛期(指分娩后 16～100 天)。理想的体况是 2.5～3 分。

表 2-19 奶牛在各关键时期适宜的体况评分

牛 别	评定时间	体况评分
成年牛	产 犊	3～3.5 分
	泌乳高峰(产后 21～40 天)	2.5～3 分(个别高产牛降至 2 分)
	泌乳中期(产后 90～120 天)	2.5～3.5 分
	泌乳后期(干奶前 60～120 天)	3～3.8 分
	干奶期	3.2～3.9 分
后备牛	6 月龄	2～3 分
	第一次配种	2～3 分
	产 犊	3～4 分

从上表可以看出，奶牛的理想体况为 2.5～3.5 分，不同的生理或泌乳阶段有一定差异，干奶期、分娩期和泌乳后期较高，泌乳

中期次之，泌乳前期较低。由于不同阶段均有 2～3 个月的持续时间，因此在判断体况是否理想或适合时应充分考虑评分的时间因素。通常，在某个阶段的前期，理想体况的分值较低，后期则较高。高产牛理想体况的分值也应稍低一些。

(四)应用体况评分监控预防奶牛疾病 体况评分作为奶牛营养状况是否适度的一个"指示器"，也是奶牛健康与否的标志之一，应用于营养管理非常科学而实用。在奶牛业发达的国家，以体况评分为依据的营养管理技术正在普及。饲养实践和科学试验均证明，通过对奶牛进行体况评分，观察各个生产阶段的体况变化，可以预见奶牛的某些疾病以及产奶和繁殖性能的发挥，奶牛体况评分降低表明动用机体脂肪、体重下降，能量负平衡，而体况评分上升表明机体脂肪储备、体重增加，能量正平衡。监测奶牛不同生理或泌乳阶段的体况评分变化非常重要，根据个体牛和群体牛的体况评分，可以对前一阶段的饲养效果进行评估，对体况不适宜的个体牛和群体牛预示的疾病加以提前预防，为制定下一阶段的饲养措施提供重要依据。

1. 干奶期和分娩期 体况评分小于 2.5 分，表明奶牛营养不良，体况过瘦，会造成分娩乏力、瘫痪、产奶量和乳脂率低、不能适时妊娠等。体况评分大于 3.75 分则表示奶牛过肥，可能导致分娩时难产，泌乳早期采食量下降，产奶量低，并有可能加大肥胖综合征发生的风险，导致胎衣不下、皱胃移位、酮病、乳热症等一系列疾病。Gearhart 对干奶期和分娩期的奶牛进行调查发现，在干奶期过肥的牛(体况评分＞3.75 分)增加了患乳热症的危险性，酮病发生率也会升高；许多饲养实践证明，过瘦的牛(体况评分＜2.25 分)，在随后的泌乳期中患乳热症的危险也比较高；产犊时低体况、高体况，尤其产后 30 天的高体况奶牛的子宫炎发病率比较高。因此，在干奶期、分娩期体况较差的奶牛应在干奶期提高膘情，增加奶牛的体况，考虑提高日粮中能量饲料的浓度；体况过肥的奶牛应在干奶期减少体况评分，减少能量摄入，减少精饲料含量，尤其是

高淀粉类全价饲料。

2. 泌乳前期 在正常情况下，奶牛分娩后60天内体况评分会下降0.5～1分，至分娩后80天左右降至最低点，但不应低于2分。泌乳前期体况差的奶牛，体内能量储备不足，高峰期产奶量偏低并直接影响泌乳期总产奶量，乳蛋白率低，分娩后发情和妊娠期延迟，抵抗力下降，容易患病。渡边高峻调查了20万头奶牛，结果发现过瘦牛卵巢疾病的发生率为52%，过肥牛卵巢疾病的发生率为32%，而体况适中奶牛的卵巢疾病发生率只有25%。在泌乳前期如母牛体况差，应调整日粮配方，确保不再继续掉膘；体况评分大于3.5分的奶牛，繁殖率低，易发生酮病、脂肪肝等疾病，如有可能，应将肥胖牛移至饲喂低能量浓度日粮的牛群中。

二、围产期奶牛日粮营养平衡指标检测

围产期奶牛日粮营养平衡指标检测主要包括日粮营养素平衡指标、日粮混合均匀度、粗饲料粒度等。

(一)乳相检测

1. 乳脂率 荷斯坦牛乳脂率≥3.5%为正常值，如果低于3.5%，则可能是因有效中性洗涤纤维(eNDF)不足、粗饲料过细、高脂肪日粮(不会降低瘤胃液pH)和高精饲料日粮(乳脂和瘤胃pH同时降低)所导致。瘤胃液pH降至6以下时，就会降低奶牛食欲，降低瘤胃蠕动和纤维消化，严重时导致酸中毒和跛行。乳蛋白达3.2为正常值，如果过低，可能是以下原因造成：①可发酵碳水化合物水平太低(瘤胃微生物蛋白质合成低)；②采食量低(减少对瘤胃微生物营养源供应)；③日粮蛋白质缺乏或氨基酸不平衡；④利用脂肪或油作为奶牛能源(脂肪不能作为瘤胃可发酵能源)。

2. 正常的乳蛋白率和乳脂率之比 荷斯坦牛为0.86，娟姗牛为0.8。如果小于此值，说明乳蛋白过低，存在营养不良；而大于此值则说明奶牛能量亏空。乳脂小于乳蛋白0.4时，就可能发生

酸中毒。

3. 乳酮体值 如果低于0.3毫克属正常，大于0.7毫克，可能患有酮病。

4. 乳尿素值 是一种简便易行且对奶牛无伤害的营养检测技术，可诊断牛群存在的营养方面的问题。荷斯坦牛乳尿素正常值为8～12毫克/100毫升，在14～18毫克/100毫升是较为理想的范围，如果过高，说明蛋白质和葡萄糖营养代谢可能存在问题。如果平均值接近下限，应考虑增加日粮中的蛋白质；乳尿素值高于18毫克/100毫升，容易造成受胎率下降，此时应考虑降低日粮蛋白质的含量；乳尿素值低于14毫克/100毫升，容易引起产奶量下降，乳蛋白含量下降，此时应考虑增加日粮蛋白质的含量。

较高的乳尿素氮值(高于16毫克/分升)表明日粮粗蛋白质的含量过高，瘤胃可发酵非纤维碳水化合物含量太低，日粮粗蛋白质和非纤维碳水化合物的组成不适当；较低的乳尿素氮值(低于12毫克/分升)表明日粮粗蛋白质的含量过低。瘤胃降解蛋白和过瘤胃蛋白的组成不当，瘤胃可发酵的非纤维碳水化合物含量过高。

(二)血象检测 奶牛血象指标检测及判定标准见表2-20。

(三)尿象检测 如果奶牛尿液pH检测值在6～7.5，说明奶牛机体酸碱平衡正常。若超过8.4，表明奶牛可能会患乳热症。

表2-20 奶牛血象指标检测及判定标准

代谢产物		判定标准
能量状况指标	β-羟丁酸(BHB)	＜0.9毫摩/升
	葡萄糖	＞2.5毫摩/升
蛋白质营养状况指标	尿素氮	8～12毫克/100毫升
	白蛋白	30～40克/升
	总蛋白	60～80克/升
	球蛋白	30～40克/升

续表 2-20

代谢产物		判定标准
矿物质营养状况指标	镁	>0.74 毫摩/升
	无机磷	>1.8 毫摩/升
	谷胱甘肽过氧化酶(Se 检测)	>39 单位/33%红细胞压积
	血清铜	>7.4 毫摩/升
	血浆非酯化脂肪酸值	毫摩/升
	酸中毒	574 毫摩/升
	皱胃移位	619 毫摩/升
	胎衣不下	585 毫摩/升

第三章　干奶期和围产前期奶牛的饲养与管理

第一节　干奶期奶牛的饲养与管理

泌乳牛停止挤奶至临产前的一段时间称为干奶期，干奶期是奶牛饲养管理过程中的一个重要环节。干奶方法、干奶期长短、干奶期饲养与管理的好坏，对胎儿的正常生长发育、母牛的健康以及下一泌乳期的产奶性能均有重要影响。

一、干奶期奶牛的生理特点

干奶期奶牛有如下生理特点：①干奶期奶牛的乳腺组织经过一个泌乳期的长时间分泌活动，急需有一个周期性的休整，好让乳腺分泌上皮细胞再生、更新，以便为下一个泌乳期能正常泌乳做准备。②这一时期随着妊娠后期胎儿的迅速增长，体积增大，占据腹腔，消化系统受压，消化能力降低。③为修补自身体组织、蓄积营养、乳腺组织得到修补与更新的时期。④受内分泌的影响，奶牛干物质采食量明显减少，临产前5～7天减少至体重的1%。⑤机体此时处在营养不良状态，会发生代谢不平衡，体重下降，极易发生代谢障碍性疾病，如乳热症、胎衣不下、皱胃变位、酮病等，给整个泌乳期甚至下一个泌乳期的生产和繁殖带来很大的影响。在这个时期需要恢复，并为下一泌乳期进行一定的储备。⑥在妊娠后期，胎儿生长速度加快，胎儿体重的一半以上是在妊娠最后2个月增长的，需要大量营养。⑦母牛瘤胃经过泌乳期高水平精饲料日粮的应激，需要通过饲喂粗饲料来恢复瘤胃和网胃的正常功能。母牛经过长期的泌乳和妊娠，特别是妊娠后期胎儿生长迅速，消耗了

目　录